U0323195

江西理工大学清江学术文库

扩散型过程的
非参数统计推断方法研究

王允艳　唐明田　熊小峰　著

北　京

冶　金　工　业　出　版　社

2018

内 容 提 要

本书主要介绍了二阶扩散过程的复加权估计，二阶扩散过程的经验似然推断，二阶扩散过程的基于经验似然的拟合优度检验，扩散过程的变带宽局部极大似然型估计，跳扩散过程的局部极大似然型估计等。

本书可作为高等院校随机过程及其应用、非参数统计等方向的研究生和科研人员阅读，也可供有关领域的科技工作者参考。

图书在版编目（CIP）数据

扩散型过程的非参数统计推断方法研究/王允艳，唐明田，熊小峰著 . —北京：冶金工业出版社，2018.9
（江西理工大学清江学术文库）
ISBN 978-7-5024-7755-4

Ⅰ.①扩… Ⅱ.①王… ②唐… ③熊… Ⅲ.①随机微分方程—非参数统计—研究 Ⅳ.①O211.63

中国版本图书馆 CIP 数据核字（2018）第 199411 号

出 版 人 谭学余
地 址 北京市东城区嵩祝院北巷 39 号 邮编 100009 电话 （010）64027926
网 址 www.cnmip.com.cn 电子信箱 yjcbs@cnmip.com.cn
责任编辑 杨盈园 美术编辑 彭子赫 版式设计 孙跃红
责任校对 王永欣 责任印制 牛晓波
ISBN 978-7-5024-7755-4
冶金工业出版社出版发行；各地新华书店经销；三河市双峰印刷装订有限公司印刷
2018 年 9 月第 1 版，2018 年 9 月第 1 次印刷
169mm×239mm；10 印张；194 千字；151 页
54.00 元
冶金工业出版社 投稿电话 （010）64027932 投稿信箱 tougao@cnmip.com.cn
冶金工业出版社营销中心 电话 （010）64044283 传真 （010）64027893
冶金书店 地址 北京市东四西大街 46 号（100010） 电话 （010）65289081（兼传真）
冶金工业出版社天猫旗舰店 yjgycbs.tmall.com
（本书如有印装质量问题，本社营销中心负责退换）

前　言

　　扩散型过程是由随机微分方程确定的一类连续的随机过程，被广泛用于随机建模，例如，其在社会、物理、工程建设、生命科学以及金融经济等领域中都有着广泛的应用. 对于扩散型过程的研究主要可分为两大类：一类是关于过程的统计推断问题的研究；一类是关于过程在上述各个领域中的应用研究，而如果不能对过程中的未知函数作出正确的估计就无法进一步利用过程进行应用研究，所以扩散型过程的统计推断问题是这类过程应用于实际的前提. 因此不论从理论研究还是从实际应用的观点来看，扩散型过程的统计推断都是非常重要的.

　　本书的主要目的是研究扩散型过程的非参数统计推断方法，扩散型过程研究的趋势是采用可获得的高频收益率数据，避免有严格限制的参数方法，使用灵活的、计算简单的非参数方法. 本书为金融经济、物理和工程领域的动态建模提供了理论与应用基础，同时也为想了解扩散型过程和非参数统计推断方法的读者提供了有价值的参考.

　　全书共包括六章：第一章是预备知识，主要介绍了由随机微分方程确定的扩散过程，二阶扩散过程和带跳扩散过程的发展历史和国内外研究现状. 第二章主要是在扩散过程的基础上对二阶扩散过程中的扩散系数进行统计推断，给出扩散系数的复加权估计量，这种新的估计量解决了边界偏差较大的问题而又与扩散系数本身的性质不相矛盾，进一步，本章得到了复加权估计量的相合性和渐近正态性，并通过蒙特卡洛模拟证明了复加权估计量同时吸收了 Nadaraya-Watson 估计量和局部线性估计量的优点，具有相对较好的表现. 第三章主要是在扩散过程的基础上对二阶扩散过程中的漂移系数和扩散系数进行统计推断, 给出漂移系数和扩散系数的经验似然估计量, 并研究这些估计量的相合性和渐近正态性, 进一步在经验似然方法的基础上给出漂移系数和扩散系数的非对称的置信区间, 并将此与在正态逼近基础上得到的对称的置信区间相比较, 从而得到两种不同基础上的置信区间的差别和优劣. 第四章在经验似然方法的基础上对二阶扩散过程进行了拟合优度检验. 本章利用经验似然技术来构造二阶扩散过程的拟合优度检验的检验统计量, 并讨论了检验统计量的渐近分布. 进一步, 通过随机模拟将提出的检验程序应用到具体的模型中去. 第五章在离散观察值的基础上, 研究了扩散过程的漂移系数和扩散系数的局部线性变带宽极大似然型估计量, 新的估计量不仅保留了局部线性估计量的优点, 而且克服了最小二乘估计量不稳健的缺点, 是局部线性技术和稳健技术的完美结合, 进一步, 本章在相对温和的条件下, 得到了局部线性变带宽极大似然型估计量的相合性和渐近正态性, 最后, 通过模拟说明了新的估计量在稳健性方面的优异表现. 第六章结合线性平滑技术和稳健技术得到了带跳扩散过程的无穷小条件矩的局部线性极大似然型估计量, 并证明了该估计量的相合性和渐近正态性. 最后, 通过模拟说明了新的估计量在稳健性方面的优异表现.

　　　本书所涉及内容的研究得到了国家自然科学基金 (11401267、11461032)、江西省自然科学基金 (20161BAB211014、20171BAB201008) 的大力支持, 同时本书的出版也得到了江西理工大学清江青年英才支持计划的资助, 作者谨在此一并表示感谢.

　　　由于作者水平有限, 不当之处在所难免, 恳请读者批评指正.

作　者

2018 年 5 月

符　号　表

EX	随机变量 X 的数学期望
$\mathrm{Var}X$	随机变量 X 的方差
$\mathrm{Cov}(X,\ Y)$	随机变量 X 与 Y 的协方差
$X_n \overset{\mathrm{P}}{\rightarrow} X$	随机变量序列 $\{X_n\}$ 依概率收敛于随机变量 X
$X_n \overset{\mathrm{D}}{\rightarrow} X$	随机变量序列 $\{X_n\}$ 依分布收敛于随机变量 X
$\mathbf{R}^k$	k 维欧式空间
$a_n = O(b_n)$	$\lim\limits_{n\to\infty} \sup a_n/b_n < \infty$
$a_n = o(b_n)$	$\lim\limits_{n\to\infty} a_n/b_n = 0$
$a_n = O_p(b_n)$	a_n/b_n 依概率有界
$a_n = o_p(b_n)$	a_n/b_n 依概率趋于 0
$a_n \sim b_n$	$\lim\limits_{n\to\infty} a_n/b_n = 1$
$\sigma(X_s,\ s \leqslant t)$	由随机变量 $X_s,\ s \leqslant t$ 生成的 σ 域
$I(A)$	集 A 的示性函数

目　　录

1 绪　　论

<<<<<<<<<<<<<<<<<<<<<<<<<<<<<<<<<<<<<<<<<<<<<<<<<<<<<<<<<<

　　在现实生活中，我们所面临的许多问题都具有不确定性，而要处理这种带有不确定性的问题，从而做出正确的判断和决策，往往需要统计推断. 统计推断是利用样本的数据，对总体的数量特征做出具有一定可靠程度的估计和判断. 统计推断的基本内容有估计和检验两方面. 概括地来讲，估计是指研究一个随机变量，推断它的数量特征和变动模式. 而假设检验是检验随机变量的数量特征和变动模式是否符合我们事先所作的假设. 估计和假设检验的共同特点是它们对总体都不很了解，都是利用部分样本所提供的信息对总体的数量特征做出估计或判断. 所以，统计推断的过程必定伴有某种程度的不确定性，需要用概率来表示其可靠程度，这是统计推断的一个重要特点.

　　众所周知，在数理金融中随机微分方程对模型的描述起着重要的作用，尤其是 Cox，Ingersoll 和 Ross（1985）所建立的利率模型以及 Black 和 Scholes（1973）所建立的期权定价模型更加体现了这一点. 本书主要对由随机微分方程确定的连续时间随机过程进行统计推断. 下面先来介绍一下由随机微分方程确定的三类扩散型过程.

1.1　扩散过程

　　扩散过程（diffusion process）在物理、化学、生物、工程、经济等领域中有着广泛的应用，例如，在分子运动、带噪声的通信系统、有干扰的神经生理活动、生物膜中的渗透过程、进化过程中的基因更替、期货与期权定价等一系列研究中，扩散过程都是一个很好的近似模型. 此外，扩散过程理论也与微分方程的研究有着密切的关系. 许多扩散过程的泛函，例如击中分布、平均吸收时间、占位时间分布、不变测度等都是一些微分方程的边值或初值问题的解.

　　考虑时齐的由以下随机微分方程确定的一维扩散过程

$$dX_t = \mu(X_t)\,dt + \sigma(X_t)\,dB_t$$

其中，$\{B_t,\ t\geqslant 0\}$ 是标准的布朗运动，$\mu(\cdot)$ 是漂移系数（drift coefficient），即无穷小均值函数，$\sigma(\cdot)$ 是扩散系数（diffusion coefficient），即无穷小方差函数.

在现代金融领域里，扩散过程起着核心的作用. Bachelier（1900）首先使用布朗运动来描述标的资产价格的分布，并给出了一些实际的应用. Merton（1969，1973a），Black 和 Scholes（1973）等人也在使用连续时间的随机过程来描述标的资产价格中作出了巨大贡献，Black 和 Scholes（1973）的"期权定价和公司债券"和 Merton（1973b）的"理性的期权定价原理"使得期权定价理论得到了突破性的进展. 从而在随后的三四十年里，连续的随机过程模型，特别是扩散过程模型在资产定价、衍生物定价、利率期限结构理论和投资组合的选取等领域都得到了广泛的应用.

正是由于其在金融经济领域的这种广泛应用，扩散过程受到经济学家和统计学家的青睐. 而扩散过程可以通过漂移系数和扩散系数来完全刻画，因此关于扩散过程的统计推断问题实质上就是对漂移系数和扩散系数的估计、检验和识别. 近二十年来，关于扩散过程的统计推断的研究已经有了较大发展，其研究方法分为参数、半参数和非参数三大类. 参数方法适合于模型的具体形式完全已知，仅含有未知参数的情形；而当对研究总体缺少有把握的具体模型假定，只有一些定性的描述时，要对总体的一些未知特征进行推断，基于数据来选择模型的非参数方法往往会更加灵活；半参数方法是介于参数和非参数方法之间的一种方法，这意味着漂移系数和扩散系数中有一个完全由未知参数来确定. 一般常用的参数方法有极大似然估计方法、最小二乘估计方法、极大似然型估计方法（M-估计方法）、鞅估计函数方法等函数估计方法和广义矩估计方法、Bayes 估计方法等. Florens-Zmirou（1989），Bibby 和 Sørensen（1995），Aït-Sahalia（2002），Bibby 等人（2002），Tang 和 Chen 等人（2009）对扩散过程的参数统计做出了很大贡献. 随着半参数估计理论的日渐成熟，半参数估计方法在扩散过程的统计推断中也发挥着越来越大的作用. 其中，Kristensen（2004），Shoji（2008），Nishiyama（2009），Kristensen 等人（2010）对扩散过程的半参数估计做出了深入的研究和探索. 至于扩散过程的非参数估计，自 Nadaraya 和 Watson 于 1964 年开创性地提出了漂移系数和扩散系数的 Nadaraya-Watson 估计量后，Stanton（1997），Bandi 和 Phillips（2003），Fan 和 Zhang（2003），Comte 等人（2007），Xu 等人（2010）通过不同方法给出了漂移系数和扩散系数的不同形式的非参数估计量.

在扩散模型的检验和识别方面，也得到了很大的发展. Aït-Sahalia（1996）考虑了两种参数检验方法，一个是建立在核平稳密度估计量和参数平稳密度的距离基础上的检验，另一个是建立在由 Kolmogorov 向前和向后方程得到的转移概率分布的差异性测度上的. 为了克服 Aït-Sahalia（1996）中所提出的检验方法的局限性，Chen 等人（2008）在检验中引入了经验似然方法. Gao 和 Casas（2008）提出了半参数检验方法，并且证明了检验统计量的相合性. Negri 和 Nishiyama（2009，2010）提出了遍历扩散过程的非参数检验方法.

但是，在扩散过程的漂移系数和扩散系数的稳健估计方面的研究相对较少，目前只有 Yoshida（1990）给出的针对多维参数扩散模型的最大化一个正的随机过程的极大似然型估计，Bishwal（2009）得到的关于漂移系数的参数极大似然型估计. 对于非参数情形下漂移系数和扩散系数的稳健估计问题，目前尚缺少相关研究，而基于数据来选择模型的非参数方法往往比参数方法要灵活得多，因此，如能得到漂移系数和扩散系数的非参数稳健估计量，将能极大地推动扩散过程在金融经济、物理和工程上的应用.

1.2　二阶扩散过程

二阶扩散过程（second-order diffusion process），又被称为和分扩散过程（integrated diffusion process），是由如下二阶随机微分方程确定的随机过程

$$\begin{cases} \mathrm{d}Y_t = X_t \mathrm{d}t \\ \mathrm{d}X_t = \mu(X_t)\mathrm{d}t + \sigma(X_t)\mathrm{d}B_t \end{cases}$$

其中，$\{B_t, t \geq 0\}$ 是标准的布朗运动，$\mu(\cdot)$ 和 $\sigma(\cdot)$ 分别是漂移系数（drift coefficient）和扩散系数（diffusion coefficient）. 在这个模型中，Y 是一个可微过程，它表示如下积分过程

$$Y_t = Y_0 + \int_0^t X_u \mathrm{d}u$$

由于由布朗运动驱动的扩散过程具有无界变差并且是处处不可导的，这类扩散过程有一个很大的缺点，即不能建模分析可微的随机过程. 而二阶扩散过程克服了布朗运动的不可微性，它可以建模可微的过程，并且二阶扩散模型通过差分将非平稳的随机过程转换成平稳过程，这在一般的扩散过程中是不能实

现的（由于其所有的样本轨道是几乎处处不可导的），因此这类过程在经济分析中起到了很重要的作用，从而引起了许多研究者的兴趣，Gloter（2000）利用 Euler 展开得到了二阶扩散过程中扩散系数的一个参数估计量，并证明了其渐近混合正态性，Gloter（2001）得到了可积 Ornstein-Uhlenbeck 过程的参数估计量，Ditlevsen 和 Sørensen（2004）建立了预报基础上的估计函数并得到了其相合估计量，Gloter（2006）给出了二阶扩散过程的漂移系数和扩散系数的最小偏差估计量，Gloter 和 Gobet（2008）证明了二阶扩散过程的局部渐近混合正态性质.

但是，对于二阶扩散过程的非参数估计研究相对比较少，目前只有 Nicolau（2007）给出的二阶扩散过程的建立在新的观察值基础上的 Nadaraya-Watson 估计量，Wang 和 Lin（2010）给出的局部线性估计量，Comte 等人（2009）建立的基于惩罚最小二乘方法基础上的非参数适应估计量. 然而 Nadaraya-Watson 估计量得到的估计结果边界偏差比较大，局部线性估计量虽然边界偏差得到了很好的控制，但是扩散系数的估计会有负数出现，这和扩散系数始终非负的性质是矛盾的. 其次，目前所建立的二阶扩散过程的漂移系数和扩散系数的置信区间都是建立在正态逼近基础上的对称的区间. 但是由于对称的区间事先对区间的形式进行了限制，并且需要构造枢轴量，因此这与众多文献中提及的经验似然基础上的非对称置信区间相比有着很多的缺点. 最后，对于二阶扩散过程的模型识别和检验问题至今未见有文献发表. 因此，结合国内外同行的研究报道与我们的研究基础，不难推断，如能给出同时解决边界偏差较大的问题而又与扩散系数本身的性质不相矛盾的估计量，得到漂移系数和扩散系数的经验似然基础上的非对称的置信区间，给出二阶扩散模型中各项系数的检验方法将能极大地推动二阶扩散过程在经济、物理和工程上的应用，而这种提出新的估计量，得到非对称的置信区间以及进行模型识别的方法也能给其他统计推断工作以提示，这在理论和实践上都有着重要的意义.

1.3　跳扩散过程

经典的金融理论仅仅考虑了连续市场的情况，也就是说随机微分方程对应的解是连续扩散过程，然而目前很多实证研究已经表明，金融市场是重尾的. 事实上，例如新发明、战争、经济政策或其他新闻等重大事件的发生都会导致股票价格发生跳跃. 因此，带跳的随机微分方程被引入来描述这些市场行为.

称随机过程 X_t 为时齐跳扩散过程（jump-diffusion process），如果它满足如下

的随机微分方程

$$\mathrm{d}X_t = \mu(X_{t-})\,\mathrm{d}t + \sigma(X_{t-})\,\mathrm{d}B_t + \mathrm{d}J_t$$

其中，$\{B_t, \ t \geq 0\}$ 是标准的布朗运动，$\{J_t, \ t \geq 0\}$ 是与 $\{B_t, \ t \geq 0\}$ 独立的纯跳过程. $\mu(\,\cdot\,)$ 和 $\sigma(\,\cdot\,)$ 分别是漂移系数（drift coefficient）和扩散系数（diffusion coefficient）. 如果一个跳过程在每一个有限时间区间内都仅发生有限次跳，则称该跳过程具有有限跳（finite activity, FA），否则就称为具有无限跳（infinite activity, IA）. 一般地，一个跳过程都包含有限跳和无限跳.

　　跳扩散过程是扩散过程的自然推广，在许多领域都有广泛的应用. 例如，酸雨模型、水文学、人口模型，特别是应用于间断、突变的经济环境和金融市场. 许多学者从股价回报的实际数据研究发现股价呈尖峰宽尾特征. 1976 年，Merton 首先提出并研究股价具有不连续回报时的期权定价，开创性地提出了用跳扩散模型来解决 Black 和 Scholes（1973）中的方法不能很好的反映资产价格和股票价格的动态性的问题. 后来，人们着手从理论和实际应用两方面寻找更接近现实股价的动态方程，来克服连续扩散模型的不足，消除期权隐含波动率"微笑"现象，使之能更好地适应市场突变性对资产价格的影响. 越来越多的证据表明跳风险因素在资产定价中不容忽视，而且可能蕴涵了重要的经济意义. 近年来，研究不连续市场模型的金融数学问题已越来越受人们喜爱和关注. 例如，读者可参考 Andersen 等人（2002），Bakshi 等人（1997），Duffie 等人（2000）关于股票市场的讨论，或者 Das（2002），Johannes（2004），Piazzesi（2000）对固定收入市场中跳扩散行为的描述.

　　在数理金融学领域，跳扩散过程常被用于刻画资产或期权的价格，其中"跳"在刻画利率动态模型中起着举足轻重的作用，因此，对跳扩散模型中的各项系数进行统计推断引起了许多统计学家的兴趣. 在全部的样本轨道可被观察的条件下，Sørensen（1989, 1991）给出了跳扩散过程的极大似然估计. 但事实上，在给定的时间区间里，观察全部的样本轨道是不可能的，Shimizu 和 Yoshida（2006），Shimizu（2006）提出了一种近似对数似然方法的估计方法，这种方法解决了只能观察到离散样本的推断问题，但是这种方法仍旧有它的局限性，其中涉及门限的选取问题，但是这两篇论文中并没有给出选取门限的方法，而在实际应用中，门限的选取是至关重要的. Shimizu（2008）解决了上述问题，给出了选取门限的方法. 正是由于实际中完全样本轨道的不可观察性，关于跳扩散过程的基于离散样本的统计推断近年来得到了很大的发展，例如，Bandi 和 Nguyen

（2003）给出了跳扩散模型的无穷小矩的非参数估计；Mancini（2004）给出了一般 Poisson 扩散过程中跳的特性的估计；Mancini 和 Renò（2011）分别在有限跳和无限跳的情形下给出了漂移系数和扩散系数的非参数门限估计量；Shimizu（2009）得到了一种跳扩散过程的模型选择方法.

但是和一般扩散过程一样，目前在漂移系数和扩散系数以及跳强度的稳健估计方面的研究上比较欠缺. 因此，如能得到它们的非参数稳健估计量，将能极大地推动跳扩散过程在酸雨模型、水文学、人口模型以及金融经济市场上的应用，这对于了解掌握间断、突变的经济环境和金融市场有重要的意义.

1.4　随机变量序列的两种收敛性

本书主要讨论扩散型过程的非参数估计和假设检验问题，而非参数估计量好坏的评价标准离不开估计量的大样本性质，即在样本量无限增加时，所得到的非参数估计量的极限性质. 因此，本节将不加证明地介绍一些极限理论方面的定理和结论，这些定理和结论可以在诸如 Billingsley（1999）和林正炎等人（2015）专门的概率论的著作中找到.

设 $(\Omega, \mathscr{F}, P)$ 为一概率空间，$\{X_n\}$ 为定义在其上的一随机变量序列，X 为定义在其上的另一随机变量，$F_n(x)$ 和 $F(x)$ 分别为它们的分布函数.

定义 1.1　如果对 $\forall \varepsilon > 0$，有

$$\lim_{n\to\infty} P\{|X_n - X| \geq \varepsilon\} = 0$$

则称随机变量序列 X_n 依概率收敛于 X，记作 $X_n \xrightarrow{P} X$.

注 1.1　依概率收敛表示随机变量序列 $\{X_n\}$ 和随机变量 X 相差不小于任一给定量的可能性将随着 n 的增大而越来越小，直至趋于零. 大数定律中的收敛性就是随机变量 X 为常数时的依概率收敛. 在非参数估计中，如果非参数估计量 $\{X_n\}$ 依概率收敛于待估函数 X，则表示当样本容量 n 无限增加时，估计的精度可以在一定条件下任意地改善，非参数估计量的这种大样本性质称为相合性. 一般而言，对应着依概率收敛性的统计大样本性质称为是弱相合性，此时也称非参数估计量 $\{X_n\}$ 是待估函数 X 的弱相合估计量，简称相合估计量.

定义 1.2　如果对 $F(x)$ 的任一连续点 x，有

$$\lim_{n\to\infty} F_n(x) = F(x)$$

则称随机变量序列 X_n 依分布收敛于 X，记作 $X_n \xrightarrow{D} X$. 此时也称分布函数序列 $\{F_n(x)\}$ 弱收敛于 $F(x)$，记作 $F_n(x) \xrightarrow{W} F(x)$.

注1.2 依分布收敛是用分布函数序列的收敛性来定义相应的随机变量序列的收敛性，但是可以忽略函数 $F(x)$ 的不连续点. 中心极限定理的收敛性就是依分布收敛. 在非参数估计中，如果存在 $a_n > 0$，使得 $a_n(X_n - X) \xrightarrow{D} N(0, \sigma^2)$，则称非参数估计量 $\{X_n\}$ 是待估函数 X 的渐近正态估计，此时也称非参数估计量 $\{X_n\}$ 具有渐近正态性.

注1.3 依分布收敛性和依概率收敛性相比是一种较弱的收敛性，即上述两种收敛性的关系如下：$X_n \xrightarrow{P} X \Rightarrow X_n \xrightarrow{D} X$. 一般情况下，其逆不真，但在 X 为常数 C 时，两种收敛性就等价了，即 $X_n \xrightarrow{P} C \Leftrightarrow X_n \xrightarrow{D} C$.

下面给出关于这两种收敛性的一些主要结果，这些结果可以用来寻求一些估计量的渐近分布.

定理1.1（Slutsky 定理） 设 $\{X_n\}$ 和 $\{Y_n\}$ 为两个随机变量序列，C 为一常数，如果

$$X_n \xrightarrow{D} X, \quad Y_n \xrightarrow{P} C$$

则

$$X_n + Y_n \xrightarrow{D} X + C$$

$$X_n Y_n \xrightarrow{D} CX$$

$$X_n / Y_n \xrightarrow{D} X/C, \quad C \neq 0$$

定理1.2 设 $\{X_n\}$ 为一随机变量序列，C 为一常数，且 $X_n \xrightarrow{D} C$，又函数 $g(\cdot)$ 在点 C 处连续，则

$$g(X_n) \xrightarrow{D} g(C)$$

定理1.3 设 $\{a_n\}$ 为一趋于 ∞ 的序列，b 为一常数，并且对随机变量序列 $\{X_n\}$，有

$$a_n(X_n - b) \xrightarrow{D} X$$

又设 $g(\cdot)$ 为可微函数，且 $g'(\cdot)$ 在点 b 处连续，则有

$$a_n \big[g(X_n) - g(b) \big] \xrightarrow{\text{D}} g'(b)X$$

注 1.4　设 $\{X_n\}$ 为定义在概率空间 $(\Omega,\ \mathscr{F},\ P)$ 上的随机变量序列，关于 $X_n \xrightarrow{\text{P}} 0$ 成立的条件，使用最广泛且最方便的是对某个 $r>0$，有

$$\lim_{n\to\infty} E\,|\,X_n\,|^r = 0$$

2 二阶扩散过程的复加权估计

2.1 二阶扩散模型和背景

众所周知, 连续的随机过程模型, 特别是扩散过程模型在资产定价、衍生物定价、利率期限结构理论和投资组合的选取等领域都得到了广泛的应用. 由如下随机微分方程定义的伊藤扩散

$$dX_t = \mu(X_t)dt + \sigma(X_t)dB_t \qquad (2\text{-}1\text{-}1)$$

常常被用来建模分析股票价格、利息率和汇率. 其中, $\{B_t, \ t \geq 0\}$ 是布朗运动, μ 是局部有界可料漂移函数, 即无穷小均值函数, σ 是右连左极（cadlag）波动函数, 即无穷小方差函数. 对于 $\mu(\cdot)$ 和 $\sigma(\cdot)$ 的统计推断研究是现代经济计量学的一个很重要的研究内容, 例如, 在连续采样基础上的统计推断研究, 读者可参考 Dalalyan（2005）和 Spokoiny（2000）以及这些论文中的参考文献. 而在离散采样下的相关研究, 还取决于是低频采样还是高频采样. 低频采样是指样本在等间隔的离散时间点上取得, 观测时间间隔固定, 这时得到的数据被称为低频数据. 基于低频采样方法的研究有很多, 在参数估计方面读者可参考 Bibby 和 Sørensen（1995）, Bibby 等人（2002）, 在非参数估计方面可参考 Gobet（2004）等. 高频采样是指当样本数趋向于无穷大时, 采样的最大时间间隔趋向于零, 这时得到的数据被称为高频数据, 相关的统计推断研究有 Bandi 和 Phillips（2003）, Comte 等人（2007）, Fan 和 Zhang（2003）等.

然而, 正如 Nicolau（2007）所指出的那样, 由式（2-1-1）确定的由布朗运动驱动的扩散过程的样本轨道具有无界变差并且是处处不可导的, 因此这类模型不能用于建模可微的随机过程. 但是, 可微的随机过程是一类重要的连续过程, 且在金融领域被广泛使用, 所以许多研究者不直接观察由式（2-1-1）定义的过程 X_t 的离散样本, 而是观察积分过程 $Y_t = Y_0 + \int_0^t X_s ds$ 的离散样本. 即考虑由如下二阶随机微分方程定义的二阶扩散过程

$$\begin{cases} \mathrm{d}Y_t = X_t \mathrm{d}t \\ \mathrm{d}X_t = \mu(X_t)\,\mathrm{d}t + \sigma(X_t)\,\mathrm{d}B_t \end{cases} \tag{2-1-2}$$

其中，$\{B_t,\ t \geq 0\}$ 是标准的布朗运动（或维纳过程），X 是一个平稳过程，μ 和 σ 分别为随机过程 $\{X_t\}$ 的漂移系数和扩散系数，它们是与 X_t 时齐的函数. 二阶扩散过程克服了布朗运动的不可微性，它可以建模可微的过程，并且二阶扩散模型通过差分将非平稳的随机过程转换成平稳过程，这在一般的扩散过程中是不能实现的（由于其所有的样本轨道是几乎处处不可导的），而这种类似单位根模型的性质又是许多随机过程所需要的. 正是因为二阶扩散过程具有这种良好性质，所以引起了许多研究者的兴趣. 例如，Gloter（2000）给出了积分过程 Y_t 的离散样本的分布并得到了扩散函数的参数估计量；Gloter（2001）研究了离散采样的可积 Ornstein-Uhlenbeck 过程的参数估计问题；Ditlevsen 和 Sørensen（2004）应用预报基础上的估计函数对二阶扩散模型进行了参数估计；Gloter（2006）发展了基于离散采样的二阶扩散过程的参数估计；Nicolau（2007）提出了二阶扩散过程的漂移系数和扩散系数的非参数核型估计量；Wang 和 Lin（2011）建立了二阶扩散过程的漂移系数和扩散系数的局部线性估计量. 另一方面，二阶扩散过程还在工程建设以及物理等领域起着非常重要的作用. 例如，在模型（2-1-2）中，若 X_t 表示粒子的速度，则积分过程 Y_t 就表示该粒子的位置坐标，具体可参考 Ditlevsen 和 Sørensen（2004）和 Rogers 和 Williams（2000）. 另外，冰芯数据的建模也可以通过二阶扩散过程来完成，参考 Ditlevsen 等人（2002）.

本章的目的是在 Nadaraya-Watson 估计量（参考 Nicolau，2007）和局部线性估计量（参考 Wang 和 Lin，2010）的基础上构造二阶扩散过程的扩散系数 $\sigma(\cdot)$ 的非参数复加权估计量. 新的估计量不但保持了局部线性估计量的边界偏差较小的优点，同时能够保证在有限采样条件下扩散系数始终非负.

复加权方法是由 Hall 和 Presnell（1999）提出的，其目的是在独立样本的条件下建立回归函数的估计量. 之后，很多研究者利用和改进了此方法，例如，Hall 等人（1999）应用该方法得到了条件分布函数的估计；Hall 和 Huang（2001）在单调化一般的核型估计量时引入了此方法；Cai（2001）使用加权的 Nadaraya-Watson 方法提出了一个新的回归函数的非参数估计量；Cai（2002）通过反向加权条件分布函数的 Nadaraya-Watson 估计量引入了时间序列数据的回归分位数的非参数估计；Xu（2010）发展了复加权方法，将其应用到扩散模型

（2-1-1）的扩散系数的估计上；Xu 和 Phillips（2011）利用该方法得到了平稳序列的条件方差函数的估计.

但是，对于二阶扩散过程的估计不同于一般扩散过程，困难在于，一方面，二阶随机微分方程（2-1-2）中的 X 在观察时间点 t_i 处的值是不可能从可观察的 Y_{t_i} 处得到的，此处 $Y_{t_i} = Y_0 + \int_0^{t_i} X_u \mathrm{d}u$. 另一方面，对二阶扩散模型（2-1-2）的估计又不能建立在可观察的 $\{Y_{t_i}, i = 1, 2, \cdots\}$ 上. 幸运的是，可以利用离散观察值 $\{Y_{t_i}, i = 1, 2, \cdots\}$ 去度量 X 在观察时间点 $t_i = i\Delta$（其中，$\Delta = t_i - t_{i-1}$）上的值，具体可利用如下公式

$$\tilde{X}_{i\Delta} = \frac{Y_{i\Delta} - Y_{(i-1)\Delta}}{\Delta} \tag{2-1-3}$$

事实上，由式（2-1-2）可以得到

$$Y_t = Y_0 + \int_0^t X_s \mathrm{d}s$$

因此

$$Y_{i\Delta} - Y_{(i-1)\Delta} = \int_0^{i\Delta} X_u \mathrm{d}u - \int_0^{(i-1)\Delta} X_u \mathrm{d}u = \int_{(i-1)\Delta}^{i\Delta} X_u \mathrm{d}u$$

并且，当 Δ 趋向于 0 时，$X_{i\Delta}$，$X_{(i-1)\Delta}$ 和 $\tilde{X}_{i\Delta}$ 的值也会越来越接近. 因此，接下来对于二阶扩散模型中扩散系数的估计将建立在样本 $\{\tilde{X}_{i\Delta}, i = 1, 2, \cdots\}$ 上，并且在适当的条件下，本章将得到新的估计量的相合性和渐近正态性.

2.2 复加权估计量及其大样本性质

本节来建立二阶扩散模型中扩散系数的复加权估计量. 当时间增量 $\Delta \to 0$ 时，$\{\tilde{X}_{i\Delta}, i = 1, 2, \cdots\}$ 满足如下方程

$$E\left(\frac{\tilde{X}_{(i+2)\Delta} - \tilde{X}_{(i+1)\Delta}}{\Delta} \bigg| \mathscr{F}_{i\Delta}\right) = \mu(X_{i\Delta}) + o(1) \tag{2-2-1}$$

$$E\left(\frac{\dfrac{3}{2}(\tilde{X}_{(i+2)\Delta} - \tilde{X}_{(i+1)\Delta})^2}{\Delta}\ \middle|\ \mathscr{F}_{i\Delta}\right) = \sigma^2(X_{i\Delta}) + o(1) \qquad (2\text{-}2\text{-}2)$$

其中，$\mathscr{F}_i = \sigma\{X_s,\ s \leqslant t\}$. 将在引理 2.1 后的注解中对式（2-2-1）和式（2-2-2）进行详细的推导。

以下，令 $\beta_j = (\sigma^2(x))^{(j)}/j!$，$j = 0,\ 1,\ 2,\ \cdots,\ p$，并且选取 β_j 使得如下的加权和达到最小

$$\sum_{i=1}^{n}\left(\frac{(\tilde{X}_{(i+2)\Delta} - \tilde{X}_{(i+1)\Delta})^2}{\Delta} - \sum_{j=0}^{p}\beta_j(x - \tilde{X}_{(i+1)\Delta})^j\right)^2 K\left(\frac{x - \tilde{X}_{(i+1)\Delta}}{h}\right)$$

其中，$K(\cdot)$ 是核函数，$h = h_n$ 是平滑参数，被称为带宽.

在上式中令 $p = 0$，可以得到扩散函数 $\sigma^2(x)$ 的局部常数（即 Nadaraya-Watson）估计量如下

$$\hat{\sigma}_1^2(x) = \frac{\displaystyle\sum_{i=1}^{n} K_h(x - \tilde{X}_{(i+1)\Delta})\frac{\dfrac{3}{2}(\tilde{X}_{(i+2)\Delta} - \tilde{X}_{(i+1)\Delta})^2}{\Delta}}{\displaystyle\sum_{i=1}^{n} K_h(x - \tilde{X}_{(i+1)\Delta})}$$

令 $p = 1$，可以得到扩散函数 $\sigma^2(x)$ 的局部线性估计量如下

$$\hat{\sigma}_2^2(x) = \frac{\displaystyle\sum_{i=1}^{n} \omega_{2i} K_h(x - \tilde{X}_{(i+1)\Delta})\frac{\dfrac{3}{2}(\tilde{X}_{(i+2)\Delta} - \tilde{X}_{(i+1)\Delta})^2}{\Delta}}{\displaystyle\sum_{i=1}^{n} \omega_{2i} K_h(x - \tilde{X}_{(i+1)\Delta})}$$

其中，$K_h(\cdot) = K(\cdot/h)/h$，并且

$$\omega_{2i} = S_{n,\,2} - (x - \tilde{X}_{(i+1)\Delta})S_{n,\,1}$$

$$S_{n,\,j} = \sum_{i=1}^{n}(x - \tilde{X}_{(i+1)\Delta})^j K_h(x - \tilde{X}_{(i+1)\Delta}),\ j = 1,\ 2$$

事实上，ω_{2i}，$i=1$，2，$\cdots$，n 满足下面的表达式

$$\sum_{i=1}^{n} \omega_{2i} = 1, \quad \sum_{i=1}^{n} \omega_{2i}(x - \tilde{X}_{(i+1)\Delta})K_h(x - \tilde{X}_{(i+1)\Delta}) = 0 \qquad (2\text{-}2\text{-}3)$$

因此，为了同时吸收局部常数和局部线性估计量的优点，考虑到式（2-2-3）以及经验似然方法（Owen，2001），本章建立二阶扩散模型的扩散系数 $\sigma^2(x)$ 的估计量如下

$$\hat{\sigma}^2(x) = \frac{\sum_{i=1}^{n} \omega_i(x)K_h(x - \tilde{X}_{i\Delta}) \dfrac{\dfrac{3}{2}(\tilde{X}_{(i+2)\Delta} - \tilde{X}_{(i+1)\Delta})^2}{\Delta}}{\sum_{i=1}^{n} \omega_i(x)K_h(x - \tilde{X}_{i\Delta})} \qquad (2\text{-}2\text{-}4)$$

其中，权重 $\{\omega_i(x)$，$i=1$，2，$\cdots$，$n\}$ 满足

$$\max_{\{\omega_i\}} \frac{1}{n}\sum_{i=1}^{n} \log n\omega_i$$

使得

$$\begin{cases} \sum_{i=1}^{n} \omega_i = 1, \ \omega_i \geqslant 0 \\ \sum_{i=1}^{n} \omega_i(x - \tilde{X}_{(i+1)\Delta})K_h(x - \tilde{X}_{i\Delta}) = 0 \end{cases}$$

由 Lagrange 乘子法，令

$$L(\omega_i, \gamma, \lambda) = \frac{1}{n}\sum_{i=1}^{n} \log n\omega_i - \gamma\Big(\sum_{i=1}^{n} \omega_i - 1\Big) -$$

$$\lambda \sum_{i=1}^{n} \omega_i(x - \tilde{X}_{(i+1)\Delta})K_h(x - \tilde{X}_{i\Delta})$$

以及

$$
\begin{cases}
\dfrac{\partial L(\omega_i,\gamma,\lambda)}{\partial \omega_i} = 0, i = 1,2,\cdots,n \\[4mm]
\dfrac{\partial L(\omega_i,\gamma,\lambda)}{\partial \gamma} = 0 \\[4mm]
\dfrac{\partial L(\omega_i,\gamma,\lambda)}{\partial \lambda} = 0
\end{cases}
$$

即

$$
\begin{cases}
1 - n\gamma\omega_i - \lambda n\omega_i(x - \tilde{X}_{(i+1)\Delta})K_h(x - \tilde{X}_{i\Delta}) = 0, \ i = 1,\ 2,\ \cdots,\ n \\[4mm]
\displaystyle\sum_{i=1}^{n}\omega_i - 1 = 0 \\[4mm]
\displaystyle\sum_{i=1}^{n}\omega_i(x - \tilde{X}_{(i+1)\Delta})K_h(x - \tilde{X}_{i\Delta}) = 0
\end{cases}
$$

可以得到

$$
\begin{cases}
\gamma = 1 \\[4mm]
\omega_i = \dfrac{1}{n(1 + \lambda(x - \tilde{X}_{(i+1)\Delta})K_h(x - \tilde{X}_{i\Delta}))}
\end{cases}
$$

并且 λ 满足

$$
\frac{1}{n}\sum_{i=1}^{n}\frac{(x - \tilde{X}_{(i+1)\Delta})K_h(x - \tilde{X}_{i\Delta})}{1 + \lambda(x - \tilde{X}_{(i+1)\Delta})K_h(x - \tilde{X}_{i\Delta})} = 0 \qquad (2\text{-}2\text{-}5)
$$

通过微分，可以看到式（2-2-5）的左边关于 λ 是严格递减的，因此，λ 可以由式（2-2-5）唯一确定，并且其值可以通过数值搜索方法获得，例如，由式（2-2-5）的单调性可知，Brent 方法或者 Newton 搜索法都是可行的. 具体的求解方法读者可参考 Owen（2001）.

注 2.1　分析一下扩散系数 $\sigma^2(x)$ 的建立在观察值 $\{\tilde{X}_{i\Delta}\}$ 上的如下估

计量

$$\bar{\sigma}^2(x) = \frac{\sum\limits_{i=1}^{n} \bar{\omega}_i(x) K_h(x - \tilde{X}_{i\Delta}) \dfrac{(\tilde{X}_{(i+1)\Delta} - \tilde{X}_{i\Delta})^2}{\Delta}}{\sum\limits_{i=1}^{n} \bar{\omega}_i(x) K_h(x - \tilde{X}_{i\Delta})}$$

其中

$$\bar{\omega}_i = \frac{1}{n(1 + \bar{\lambda}(x - \tilde{X}_{i\Delta}) K_h(x - \tilde{X}_{i\Delta}))}$$

并且 $\bar{\lambda}$ 满足

$$\frac{1}{n} \sum_{i=1}^{n} \frac{(x - \tilde{X}_{i\Delta}) K_h(x - \tilde{X}_{i\Delta})}{1 + \bar{\lambda}(x - \tilde{X}_{i\Delta}) K_h(x - \tilde{X}_{i\Delta})} = 0$$

和一般扩散过程中扩散系数的估计量相对比,似乎上述估计量的形式看起来更合理,但是可以证明,在二阶扩散过程中,扩散系数的上述形式的估计量是不相合的. 令人高兴的是,观察值 $\tilde{X}_{i\Delta}$ 和 $\tilde{X}_{(i+1)\Delta}$ 都能很好的逼近 $X_{i\Delta}$,因此本章使用 $\hat{\sigma}^2(x)$ 作为二阶扩散过程中扩散系数 $\sigma^2(x)$ 的估计量.

本章的结果都是建立在如下条件上的.

条件 A1 (Nicolau,2007)

(1) 设随机过程 X 的状态空间为 $D = (l, r)$. 令 z_0 为区间 D 内任一点,记尺度密度函数(scale density function)为

$$s(z) = \exp\left\{ - \int_{z_0}^{z} \frac{2\mu(x)}{\sigma^2(x)} \mathrm{d}x \right\}$$

另外,对 $x \in D$,$l < x_1 < x < x_2 < r$,令

$$S(l, x] = \lim_{x_1 \to l} \int_{x_1}^{x} s(u) \mathrm{d}u = \infty$$

$$S[x, r) = \lim_{x_2 \to r} \int_{x}^{x_2} s(u) \mathrm{d}u = \infty$$

（2）$\int_l^r m(x)\,\mathrm{d}x < \infty$，其中 $m(x) = (\sigma^2(x)s(x))^{-1}$ 是速度密度函数（speed density function）；

（3）$X_0 = x$ 具有分布 P^0，P^0 为遍历过程（条件（1）和（2）保证了 X 的遍历性）X 的不变分布.

注 2.2　条件 A1 保证了过程 X 是平稳的（Arnold，1974）. 令 $p(x)$ 为 X 的平稳密度，由 Kolmogorov 向前方程可得

$$p(x) = \frac{m(x)}{\int_l^r m(u)\,\mathrm{d}u} = \frac{\xi}{\sigma^2(x)}\exp\left\{\int_{x_0}^x \frac{2\mu(s)}{\sigma^2(s)}\mathrm{d}s\right\}$$

其中，ξ 是标准化常数，x_0 为 D 内任一点. 以上所述关于尺度密度函数 $s(\cdot)$ 和速度密度函数 $m(\cdot)$ 的详细介绍，可参考 Karlin 和 Taylor（1981）.

条件 A2　设随机过程 X 的状态空间为 $D = (l,\ r)$. 假设

$$\lim_{x\to r}\sup\left(\frac{\mu(x)}{\sigma(x)} - \frac{\sigma'(x)}{2}\right) < 0$$

$$\lim_{x\to l}\sup\left(\frac{\mu(x)}{\sigma(x)} - \frac{\sigma'(x)}{2}\right) > 0$$

注 2.3　条件 A2 和 Nicolau（2007）中的假设 4 类似，Hansen 和 Scheinkman（1995）也曾提出过类似的条件. 在这个条件下，随机过程 X 是 ρ-混合和 α-混合的. 由 Dacunha-Castelle 和 Florens-Zimirou（1986）知，在条件 A1 ~ A2 下 $\{X_t,\ t \geqslant 0\}$ 是遍历的，因此离散扩散 $\{X_{i\Delta},\ i = 0,\ 1,\ 2,\ \cdots\}$（$\Delta$ 固定）也是遍历过程. 而过程 $\{\tilde{X}_{i\Delta}\}$ 保留了过程 $\{X_{i\Delta}\}$ 的某些性质，正如 Ditlevsen 和 Sørensen（2004）所指出的那样，由于 X 是平稳的，所以对所有的区间 $\{[(i-1)\Delta,\ i\Delta],\ i \geqslant 1\}$ 而言，X_t 的分布都是一样的，从而可知 $\{\tilde{X}_{i\Delta}\}$ 也是平稳过程. 并且，由平稳性和契比雪夫不等式可知

$$E[\tilde{X}_{i\Delta}^2] = E\left(\frac{\int_{(i-1)\Delta}^{i\Delta} X_u\,\mathrm{d}u}{\Delta}\right)^2 \leqslant E\left(\frac{\Delta\int_{(i-1)\Delta}^{i\Delta} X_u^2\,\mathrm{d}u}{\Delta^2}\right)$$

$$= \frac{\int_{(i-1)\Delta}^{i\Delta} E[X_u^2] \mathrm{d}u}{\Delta} = E[X_0^2]$$

注2.4 因为混合过程的可测函数也是 α-混合（ρ-混合）的，所以过程 $\{\tilde{X}_{i\Delta}\}$ 是 α-混合（ρ-混合）的，并且其混合程度和过程 $\{X_{i\Delta}\}$ 是相同的. 关于 α-混合过程的详细介绍，可参考 Bosq（1998）或 Billingsley（1999）.

核函数 $K(\cdot)$ 和带宽 h 满足如下条件 A3 ~ A5.

条件 A3 核函数 $K(\cdot)$ 是正的、连续、可微、对称的密度函数，并且具有紧支撑 $(-1, 1)$，其导数 $K'(\cdot)$ 是绝对可积的，并且满足

$$\int K^2(u) \mathrm{d}u < \infty, \quad \int |K'(u)|^2 \mathrm{d}u < \infty$$

条件 A4 $\lim_{h \to 0} \frac{1}{h^m} E(|mK^{m-1}(\xi_{ni})K'(\xi_{ni})|^4) < \infty$，其中 m 为正整数，并有 $\xi_{ni} = \theta((x - X_{i\Delta})/h) + (1 - \theta)((x - \tilde{X}_{i\Delta})/h)$，$0 \leqslant \theta \leqslant 1$.

注2.5 条件 A4 可以在比较弱的条件下成立. 例如，核函数为高斯核，密度为柯西平稳密度时.

条件 A5 （1）当 $n \to \infty$ 时，$\Delta \to 0$，$h \to 0$，$nh \to \infty$，$\sqrt{\Delta}/h \to 0$；

（2）当 $n \to \infty$ 时，$\frac{n\Delta}{h}\sqrt{\Delta \log \frac{1}{\Delta}} \to 0$.

注2.6 为了简便，本章只考虑最经典的正的对称的核函数. 事实上，核函数的选取形式有很多种. 首先，任何密度函数都可以被选做核函数，另外，核函数也可以不是正的函数（Gasser 和 Müller，1979）. 常用的核函数包括高斯核

$$K(u) = (\sqrt{2\pi})^{-1} \exp(-u^2/2)$$

和对称贝塔（Beta）族

$$K_\gamma(u) = \frac{1}{\mathrm{Beta}(1/2, \gamma + 1)}(1 - u^2)^\gamma I(|u| \leqslant 1)$$

选择 $\gamma=0$，1，2，3，则分别对应于均匀核函数，Epanechnikov 核函数，双权核函数和三权核函数. 因为不同的核函数具有不同的支撑，所以即使具有相同的带宽，不同的核获得的点周围的局部数据所提供的信息量也不同. 关于核函数的详细介绍读者可参考 Fan 和 Yao（2003）.

注 2.7   本章建立的复加权估计量需要选择核函数和带宽. 众所周知，不管是从经验上还是理论上，对核估计量而言，核函数的选取都不是非常重要的. 相反地，在选取合适的带宽时要特别谨慎，这是因为带宽太大会造成过度平滑的估计，即使用大的带宽可能导致估计产生大的偏差. 而带宽太小会造成平滑不足的估计，此时由于没有太多的局部数据点被利用，就会使得估计的方差减少，其结果可能产生一条摆动的曲线. 常用的带宽选择方法有交叉核实方法（Cross-Validation，CV）和嵌入方法（Plug-in）. 其中交叉核实方法的想法来自 Allen（1974）和 Stone（1974），它在评价一个估计的好坏以及估计预测误差时是很有用的一种方法，但是计算却很麻烦，为了便于计算，Wahba（1977），Craven 和 Wahba（1979）提出了广义交叉核实方法（Generalized Cross-Validation，GCV）. 这种方法的一个缺点是它本身固有的多变性以及不能直接应用到估计导数曲线的带宽选择上. 而嵌入方法就避免了这些问题，它被认为是理论上合理、经验上执行良好和概念上简单的一种方法. 该方法由 Ruppert 等人（1995）提出，是一种渐近替代方法. 关于如何选取合适的带宽，读者可参考 Fan 和 Gijbels（1996）.

条件 A6   （1）$\mu(x)$ 和 $\sigma(x)$ 具有连续的四阶导数，并对某个 $\lambda>0$ 满足

$$|\mu(x)| \leqslant C(1+|x|)^{\lambda}$$

和

$$|\sigma(x)| \leqslant C(1+|x|)^{\lambda}$$

（2）$E[X_0^r]<\infty$，其中，$r=\max\{4\lambda, 1+3\lambda, -1+5\lambda, -2+6\lambda\}$.

注 2.8   条件 A6 为引理 2.1 的建立提供了所需的条件.

下面将给出本章的主要结果.

定理 2.1   令 $K_1 = \int u^2 K(u)\,\mathrm{d}u$，$K_2 = \int K^2(u)\,\mathrm{d}u$，在条件 A1～A6 下，有

（1）$\hat{\sigma}^2(x) \xrightarrow{P} \sigma^2(x)$；

（2）进一步，如果 $h = O(n^{-1/5})$ 和 $nh\Delta^2 \to 0$ 成立，则

$$\sqrt{nh}\left(\hat{\sigma}^2(x) - \sigma^2(x) - \frac{h^2 K_1}{2}(\sigma^2(x))''\right) \xrightarrow{D} N\left(0, \frac{4K_2\sigma^4(x)}{p(x)}\right) \qquad (2\text{-}2\text{-}6)$$

其中，"$\xrightarrow{P}$" 表示以概率收敛，"$\xrightarrow{D}$" 表示以分布收敛.

2.3 复加权估计量与其他估计量的比较

本节将通过计算渐近均方误差（AMSE）、比较渐近偏差以及进行数值模拟来说明复加权估计量的优点. 由式（2-2-6）得复加权估计量的渐近均方误差为

$$\frac{h^4 K_1^2}{4}\left[(\sigma^2(x))''\right]^2 + \frac{4K_2\sigma^4(x)}{nhp(x)} \qquad (2\text{-}3\text{-}1)$$

将渐近均方误差关于带宽 h 求导得

$$h^3 K_1^2\left[(\sigma^2(x))''\right]^2 - \frac{4K_2\sigma^4(x)}{nh^2 p(x)}$$

令上述导数为零得最优带宽为

$$h_{\text{opt}} = \left(\frac{4K_2\sigma^4(x)}{K_1^2 p(x)\left[(\sigma^2(x))''\right]^2}\right)^{1/5} n^{-1/5}$$

将最优带宽 h_{opt} 代入式（2-3-1）可得最优渐近均方误差

$$\frac{5}{4}\left(\frac{4K_2\sigma^4(x)}{np(x)}\right)^{4/5}\left[K_1(\sigma^2(x))''\right]^{2/5}$$

$$= \frac{5}{4}\left(\frac{4\sqrt{K_1|(\sigma^2(x))''|}K_2\sigma^4(x)}{np(x)}\right)^{4/5} \qquad (2\text{-}3\text{-}2)$$

由式（2-3-2），可以讨论式（2-2-4）所表示的复加权估计量的渐近最小最大效，具体可参考 Fan 和 Gijbels（1996）.

下面来比较复加权估计量和 Nadaraya-Watson 估计量的渐近偏差. 为了得到复

加权估计量 $\hat{\sigma}^2(x)$ 的渐近正态性，定理 2.1 中使用了条件 $h = O(n^{-1/5})$，这与 Nicolau（2007）中使用的条件 $h = o(n^{-1/5})$ 不同，显然本章中所用的条件更弱. 进一步，如果将 Nicolau（2007）中的条件 $h = o(n^{-1/5})$ 换成 $h = O(n^{-1/5})$，则其中的渐近正态性的结果将变成以下形式

$$\sqrt{nh}\left(\hat{\sigma}^2(x) - \sigma^2(x) - \frac{h^2 K_1 p'(x)}{p(x)}(\sigma^2(x))' - \frac{h^2 K_1}{2}(\sigma^2(x))''\right) \xrightarrow{D} N\left(0, \frac{4K_2\sigma^4(x)}{p(x)}\right)$$

(2-3-3)

对比式（2-2-6）和式（2-3-3）可知，Nadaraya-Watson 估计量的部分渐近偏差项为

$$(\sigma^2(x))'h^2 K_1 p'(x)/p(x)$$

但是上式并没有在式（2-2-6）中出现，这说明在同样的条件下，复加权估计量和局部线性估计量一样，其渐近偏差要比 Nadaraya-Watson 估计量小.

接下来，将进行一个简单的 Monte Carlo 模拟试验. 试验将建立在观察值 $Y_t = Y_0 + \int_0^t X_u du$ 上，其中 X 为由如下随机微分方程定义的遍历过程

$$dX_t = -10X_t dt + \sqrt{0.1 + 0.1X_t^2}\,dB_t \tag{2-3-4}$$

在此，Euler-Maruyama 方法将被用来逼近上述随机微分方程的数值解，即有

$$X_t = X_{t_0} + \mu(X_{t_0})(t - t_0) + \sigma(X_{t_0})(B_t - B_{t_0})$$

为了描述连续时间二阶扩散过程，图 2-1 给出了由式（2-3-4）确定的过程 X 的一个样本轨道，图 2-2 给出了积分过程 $Y_t = Y_0 + \int_0^t X_u du$ 的一个样本轨道，其中 $t \in [0, T] = [0, 10]$，并且 X 由式（2-3-4）确定.

为了比较复加权估计量和局部线性估计量，在模拟过程中，使用 Gauss 核函数并且带宽选取常见带宽 $h = 1.06Sn^{-1/5}$，其中 S 表示样本 $\{\tilde{X}_{i\Delta}, i = 1, 2, \cdots, n\}$ 的标准误差. 并且选取总观测时间 $T = 1000$，观测时间间隔 $\Delta = 0.01$，模拟次数均为 5000 次. 模拟的结果在表 2-1 中给出，从表中可以看出，在有限采样的条件下，扩散系数的局部线性估计量产生了负值，这和扩散系数本身的非负性矛

盾,而其复加权估计量却能够始终保持非负.

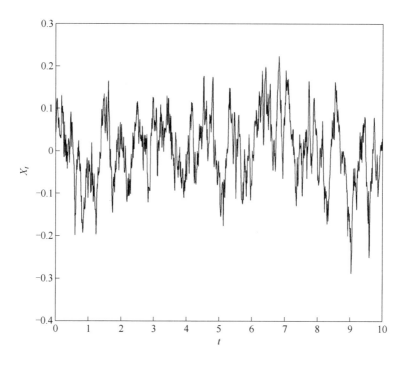

图 2-1 过程 X_t 的样本轨道

表 2-1 二阶扩散模型的扩散系数在一些设计点处的局部线性估计值
$(\hat{\sigma}_2^2(x))$ 和复加权估计值 $(\hat{\sigma}^2(x))$

x	1.4	1.3	1.2	1.1	1.0
$\hat{\sigma}_2^2(x)$	−0.0464	−0.0365	−0.0238	−0.0141	−0.0024
$\hat{\sigma}^2(x)$	0.25541	0.09135	0.09133	0.09127	0.09125
x	0.9	0.8	0.7	0.6	0.5
$\hat{\sigma}_2^2(x)$	0.0097	0.0208	0.0311	0.0412	0.0507
$\hat{\sigma}^2(x)$	0.091235	0.09124	0.09126	0.09129	0.091325

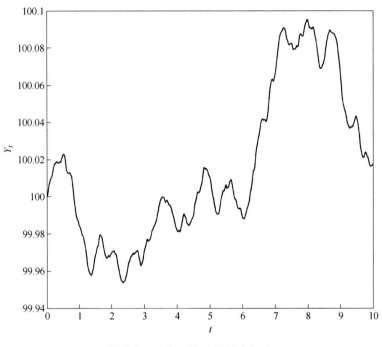

图 2-2　积分过程 Y_t 的样本轨道

2.4　主要结果的证明

引理 2.1　（Nicolau，2007）　设 Z 为由下列随机积分方程确定的 d-维扩散过程

$$Z_t = Z_0 + \int_0^t \mu(Z_s)\,\mathrm{d}s + \int_0^t \sigma(Z_s)\,\mathrm{d}B_s$$

其中，$\mu(z) = \left[\mu_i(z)\right]_{d\times1}$ 是 $d\times1$ 向量，$\sigma(z) = \left[\sigma_{ij}(z)\right]_{d\times d}$ 是 $d\times d$ 对角矩阵，B_t 是 $d\times1$ 的独立布朗运动. 假设 μ 和 σ 具有 $2s$ 阶连续偏导数，$f(z)$ 是一个定义在 $\mathbf{R}^d$ 上，取值于 $\mathbf{R}^d$ 上的连续函数，并且具有 $2s+2$ 阶连续偏导数. 则有

$$E\left[f(Z_{i\Delta}) \mid Z_{(i-1)\Delta}\right] = \sum_{k=0}^{s} L^k f(Z_{(i-1)\Delta}) \frac{\Delta^k}{k!} + R$$

其中，L 是由下式确定的二阶微分算子

$$L = \sum_{i=1}^{d} \mu_i(z) \frac{\partial}{\partial z_i} + \frac{1}{2}\left(\sigma_{11}^2(z) \frac{\partial^2}{\partial z_1^2} + \sigma_{22}^2(z) \frac{\partial^2}{\partial z_2^2} + \cdots + \sigma_{dd}^2(z) \frac{\partial^2}{\partial z_d^2}\right)$$

R 是由下式确定的阶为 Δ^{s+1} 的随机函数

$$R = \int_{(i-1)\Delta}^{i\Delta} \int_{(i-1)\Delta}^{u_1} \int_{(i-1)\Delta}^{u_2} \cdots \int_{(i-1)\Delta}^{u_s} E\left[L^{s+1}f(Z_{u_{s+1}}) \mid Z_{(i+1)\Delta}\right] du_{s+1} du_s \cdots du_1$$

注 2.9 在本章中，考虑二阶随机微分方程（2-1-1），即

$$\begin{cases} dY_t = X_t dt \\ dX_t = \mu(X_t)dt + \sigma(X_t)dB_t \end{cases}$$

这对应于引理 2.1 中 $d=2$ 的情形，此时二阶微分算子为

$$L = x(\partial/\partial y) + \mu(x)(\partial/\partial x) + \frac{1}{2}\sigma^2(x)(\partial^2/\partial x^2)$$

利用引理 2.1 可以计算过程 $\tilde{X}$ 的数学期望，例如推导式（2-2-1）和式（2-2-2）. 下面先推导式（2-2-1），由式（2-1-3）有

$$E\left(\frac{\tilde{X}_{(i+1)\Delta} - \tilde{X}_{i\Delta}}{\Delta} \mid \mathscr{F}_{(i-1)\Delta}\right)$$

$$= E\left(E\left(\frac{Y_{(i+1)\Delta} - 2Y_{i\Delta} + Y_{(i-1)\Delta}}{\Delta^2} \mid \mathscr{F}_{i\Delta}\right) \mid \mathscr{F}_{(i-1)\Delta}\right)$$

而

$$E\left(\frac{Y_{(i+1)\Delta} - 2Y_{i\Delta} + Y_{(i-1)\Delta}}{\Delta^2} \mid \mathscr{F}_{i\Delta}\right)$$

$$= \frac{Y_{(i-1)\Delta} - 2Y_{i\Delta}}{\Delta^2} + \frac{1}{\Delta^2}E\left[Y_{(i+1)\Delta} \mid \mathscr{F}_{i\Delta}\right]$$

$$= \frac{Y_{(i-1)\Delta} - 2Y_{i\Delta}}{\Delta^2} + \frac{1}{\Delta^2}\left[Y_{i\Delta} + X_{i\Delta}\Delta + \frac{1}{2}\mu(X_{i\Delta})\Delta^2\right] + O(\Delta)$$

$$= \frac{Y_{(i-1)\Delta} - Y_{i\Delta}}{\Delta^2} + \frac{1}{\Delta}X_{i\Delta} + \frac{1}{2}\mu(X_{i\Delta}) + O(\Delta)$$

所以

$$E\left(\frac{\tilde{X}_{(i+1)\Delta} - \tilde{X}_{i\Delta}}{\Delta} \mid \mathscr{F}_{(i-1)\Delta}\right)$$

$$= E\left(\frac{Y_{(i-1)\Delta} - Y_{i\Delta}}{\Delta^2} + \frac{1}{\Delta}X_{i\Delta} + \frac{1}{2}\mu(X_{i\Delta}) \mid \mathscr{F}_{(i-1)\Delta}\right) + O(\Delta)$$

$$= \frac{1}{\Delta^2}E[Y_{(i-1)\Delta} - Y_{i\Delta} \mid \mathscr{F}_{(i-1)\Delta}] + \frac{1}{\Delta}E[X_{i\Delta} \mid \mathscr{F}_{(i-1)\Delta}] +$$

$$\frac{1}{2}E[\mu(X_{i\Delta}) \mid \mathscr{F}_{(i-1)\Delta}] + O(\Delta)$$

$$= \frac{-1}{\Delta^2}[X_{(i-1)\Delta}\Delta + \frac{1}{2}\mu(X_{(i-1)\Delta})\Delta^2] + \frac{1}{\Delta}(X_{(i-1)\Delta} +$$

$$\mu(X_{(i-1)\Delta})\Delta) + \frac{1}{2}\mu(X_{(i-1)\Delta}) + O(\Delta)$$

$$= \mu(X_{(i-1)\Delta}) + O(\Delta)$$

即得式（2-2-1）. 下面推导式（2-2-2），由式（2-1-3）有

$$E\left(\frac{\frac{3}{2}(\tilde{X}_{(i+1)\Delta} - \tilde{X}_{i\Delta})^2}{\Delta} \mid \mathscr{F}_{(i-1)\Delta}\right)$$

$$= E\left(E\left(\frac{\frac{3}{2}(Y_{(i+1)\Delta} - 2Y_{i\Delta} + Y_{(i-1)\Delta})^2}{\Delta^3} \mid \mathscr{F}_{i\Delta}\right) \mid \mathscr{F}_{(i-1)\Delta}\right)$$

而

$$E\left(\frac{(Y_{(i+1)\Delta} - 2Y_{i\Delta} + Y_{(i-1)\Delta})^2}{\Delta^3} \mid \mathscr{F}_{i\Delta}\right)$$

$$= \frac{1}{\Delta^3}(Y_{i\Delta} - Y_{(i-1)\Delta})^2 - \frac{2}{\Delta^3}(Y_{i\Delta} - Y_{(i-1)\Delta})E((Y_{(i+1)\Delta} - Y_{i\Delta}) \mid \mathscr{F}_{i\Delta}) +$$

$$\frac{1}{\Delta^3}E((Y_{(i+1)\Delta} - Y_{i\Delta})^2 \mid \mathscr{F}_{i\Delta})$$

$$= \frac{1}{\Delta^3}(Y_{i\Delta} - Y_{(i-1)\Delta})^2 - \frac{2}{\Delta^2}(Y_{i\Delta} - Y_{(i-1)\Delta})(X_{i\Delta} + \frac{1}{2}\Delta\mu(X_{i\Delta})) +$$

$$\frac{1}{\Delta}X_{i\Delta}^2 + X_{i\Delta}u(X_{i\Delta}) + \frac{1}{3}\sigma^2(X_{i\Delta}) + O(\Delta)$$

$$= \frac{1}{\Delta^3}(Y_{i\Delta} - Y_{(i-1)\Delta})^2 - \frac{2}{\Delta^2}(Y_{i\Delta} - Y_{(i-1)\Delta})X_{i\Delta} +$$

$$\frac{1}{\Delta}[X_{i\Delta}^2 - \mu(X_{i\Delta})(Y_{i\Delta} - Y_{(i-1)\Delta})] +$$

$$X_{i\Delta}\mu(X_{i\Delta}) + \frac{1}{3}\sigma^2(X_{i\Delta}) + O(\Delta)$$

且

$$E((Y_{i\Delta} - Y_{(i-1)\Delta})^2 \mid \mathscr{F}_{(i-1)\Delta})$$

$$= \Delta^2 X_{(i-1)\Delta}^2 + \Delta^3[X_{(i-1)\Delta}\mu(X_{(i-1)\Delta}) +$$

$$\frac{1}{3}\sigma^2(X_{(i-1)\Delta})] + O(\Delta)$$

$$E((Y_{i\Delta} - Y_{(i-1)\Delta})X_{i\Delta} \mid \mathscr{F}_{(i-1)\Delta})$$

$$= \Delta X_{(i-1)\Delta}^2 + \frac{3}{2}\Delta^2 X_{(i-1)\Delta}\mu(X_{(i-1)\Delta}) +$$

$$\frac{1}{2}\Delta^2\sigma^2(X_{(i-1)\Delta}) + O(\Delta)$$

$$E((X_{i\Delta}^2 - \mu(X_{i\Delta}))(Y_{i\Delta} - Y_{(i-1)\Delta})) | \mathscr{F}_{(i-1)\Delta})$$

$$= X_{(i-1)\Delta}^2 + \Delta X_{(i-1)\Delta}\mu(X_{(i-1)\Delta}) + \Delta\sigma^2(X_{(i-1)\Delta}) + O(\Delta)$$

$$E\left(X_{i\Delta}\mu(X_{i\Delta}) + \frac{1}{3}\sigma^2(X_{i\Delta}) | \mathscr{F}_{(i-1)\Delta}\right) = X_{(i-1)\Delta}\mu(X_{(i-1)\Delta}) + \frac{1}{3}\sigma^2(X_{(i-1)\Delta}) + O(\Delta)$$

综上，式（2-2-2）成立.

引理 2.2　令

$$\varepsilon_{1n} = \frac{1}{n}\sum_{i=1}^n (K_h(x - \tilde{X}_{i\Delta}))^m g(\tilde{X}_{i\Delta}, \tilde{X}_{(i+1)\Delta})$$

$$\varepsilon_{2n} = \frac{1}{n}\sum_{i=1}^n (K_h(x - X_{i\Delta}))^m g(\tilde{X}_{i\Delta}, \tilde{X}_{(i+1)\Delta})$$

其中，g 是定义在 **R×R** 上的可测函数，m 为正整数. 若条件 A1，A3 和 A4 成立，并且有 $\sqrt{\Delta}/h \to 0$ 以及 $E[(g(\tilde{X}_{i\Delta}, \tilde{X}_{(i+1)\Delta}))^2] < \infty$ ，则有

$$|\varepsilon_{1n} - \varepsilon_{2n}| \xrightarrow{P} 0$$

引理 2.2 的证明

由 Taylor 展开式得

$$K^m\left(\frac{x - \tilde{X}_{i\Delta}}{h}\right) = K^m\left(\frac{x - X_{i\Delta}}{h}\right) + mK^{m-1}(\xi_{ni})K'(\xi_{ni})\frac{\tilde{X}_{i\Delta} - X_{i\Delta}}{h}$$

其中，$\xi_{ni} = \theta((x - X_{i\Delta})/h) + (1 - \theta)((x - \tilde{X}_{i\Delta})/h)$，$0 \leq \theta \leq 1$.

由平稳性以及 Hölder 不等式，可得

$$E|\varepsilon_{1n} - \varepsilon_{2n}|$$

$$
= E \left| \frac{1}{nh^m} \sum_{i=1}^{n} \left(K^m \left(\frac{x - \tilde{X}_{i\Delta}}{h} \right) - K^m \left(\frac{x - X_{i\Delta}}{h} \right) \right) g(\tilde{X}_{i\Delta}, \tilde{X}_{(i+1)\Delta}) \right|
$$

$$
\leqslant E \left| \frac{1}{h^m} \left(K^m \left(\frac{x - \tilde{X}_{i\Delta}}{h} \right) - K^m \left(\frac{x - X_{i\Delta}}{h} \right) \right) g(\tilde{X}_{i\Delta}, \tilde{X}_{(i+1)\Delta}) \right|
$$

$$
= E \left| \frac{1}{h^m} m K^{m-1}(\xi_{ni}) K'(\xi_{ni}) \left(\frac{\tilde{X}_{i\Delta} - X_{i\Delta}}{h} \right) g(\tilde{X}_{i\Delta}, \tilde{X}_{(i+1)\Delta}) \right|
$$

$$
\leqslant \frac{1}{h^m} E[\, | \, m K^{m-1}(\xi_{ni}) K'(\xi_{ni}) \, |^{\alpha}]^{1/\alpha} \frac{1}{h} E[\, | \, \tilde{X}_{i\Delta} - X_{i\Delta} \, |^{\beta}]^{1/\beta} \cdot
$$

$$
E[\, | \, g(\tilde{X}_{i\Delta}, \tilde{X}_{(i+1)\Delta}) \, |^{\gamma}]^{1/\gamma}
$$

其中，$1/\alpha + 1/\beta + 1/\gamma = 1$. 选取 $\alpha = 4$，$\beta = 4$ 以及 $\gamma = 2$，由假设条件知

$$
\frac{1}{h^m} E[\, | \, m K^{m-1}(\xi_{ni}) K'(\xi_{ni}) \, |^4]^{1/4} < \infty, \quad E[\, | \, g(\tilde{X}_{i\Delta}, \tilde{X}_{(i+1)\Delta}) \, |^2]^{1/2} < \infty
$$

并且由引理 2.1，有

$$
\frac{1}{h} E[\, | \, \tilde{X}_{i\Delta} - X_{i\Delta} \, |^4]^{1/4} = \frac{1}{h} \left(\frac{\Delta^2 E[\sigma^4(X_0)]}{3} + O(\Delta^3) \right)^{1/4} \to 0
$$

所以 $E | \varepsilon_{1n} - \varepsilon_{2n} | \to 0$. 证毕.

引理 2.3 设 $p(\cdot)$ 为过程 X_t 的密度函数，在条件 A1 ~ A6 成立的条件下，有

$$
\lambda = \frac{h K_1 p'(x)}{v_2 p(x)} + O_p(h^3), \quad | \lambda | = O_p(h)
$$

其中，$K_1 = \int u^2 K(u) \mathrm{d}u$，$v_2 = \int u^2 K^2(u) \mathrm{d}u$.

引理 2.3 的证明

令

$$\tilde{A}_j = \frac{1}{n} \sum_{i=1}^{n} (x - \tilde{X}_{(i+1)\Delta})^j K_h^j (x - \tilde{X}_{i\Delta})$$

$$A_j = \frac{1}{n} \sum_{i=1}^{n} (x - X_{i\Delta})^j K_h^j (x - X_{i\Delta})$$

将式（2-2-5）进行 Taylor 展开得

$$\tilde{A}_1 - \lambda \tilde{A}_2 + \lambda^2 \tilde{A}_3 - \lambda^3 \tilde{A}_4 + \cdots = 0$$

因此

$$\lambda = \frac{\tilde{A}_1}{\tilde{A}_2} + \lambda^2 \frac{\tilde{A}_3}{\tilde{A}_2} - \lambda^3 \frac{\tilde{A}_4}{\tilde{A}_2} + \cdots \tag{2-4-1}$$

由 Xu（2010），有

$$\frac{A_j}{A_2} = \begin{cases} \dfrac{hp'(x) \int u^{j+1} K^j(u) \, du + O(h^2)}{v_2 p(x) + O(h^2)} + o_p(1), & j = 1, \ 3, \ 5, \ \cdots \\[4mm] \dfrac{p(x) \int u^j K^j(u) \, du + O(h^2)}{v_2 p(x) + O(h^2)} + o_p(1), & j = 4, \ 6, \ 8, \ \cdots \end{cases}$$

接下来证明

$$\frac{\tilde{A}_j}{\tilde{A}_2} - \frac{A_j}{A_2} \xrightarrow{P} 0, \quad j = 1, \ 2, \ \cdots$$

这需要证明

$$\frac{1}{n} \sum_{i=1}^{n} (x - \tilde{X}_{(i+1)\Delta})^j K_h^j (x - \tilde{X}_{i\Delta}) - \frac{1}{n} \sum_{i=1}^{n} (x - X_{i\Delta})^j K_h^j (x - X_{i\Delta}) \xrightarrow{P} 0$$

即证

$$\frac{1}{n}\sum_{i=1}^{n}(x-\tilde{X}_{(i+1)\Delta})^{j}K_{h}^{j}(x-\tilde{X}_{i\Delta}) - \frac{1}{n}\sum_{i=1}^{n}(x-X_{(i+1)\Delta})^{j}K_{h}^{j}(x-X_{i\Delta}) \xrightarrow{P} 0$$

$$(2\text{-}4\text{-}2)$$

$$\frac{1}{n}\sum_{i=1}^{n}(x-\tilde{X}_{(i+1)\Delta})^{j}K_{h}^{j}(x-X_{i\Delta}) - \frac{1}{n}\sum_{i=1}^{n}(x-X_{i\Delta})^{j}K_{h}^{j}(x-X_{i\Delta}) \xrightarrow{P} 0$$

$$(2\text{-}4\text{-}3)$$

式（2-4-2）可由引理2.2得到. 对式（2-4-3），由平稳性有

$$E\Big[\frac{1}{n}\sum_{i=1}^{n}(x-\tilde{X}_{(i+1)\Delta})^{j}K_{h}^{j}(x-X_{i\Delta}) - \frac{1}{n}\sum_{i=1}^{n}(x-X_{i\Delta})^{j}K_{h}^{j}(x-X_{i\Delta})\Big]$$

$$= E\big[K_{h}^{j}(x-X_{i\Delta})\big((x-\tilde{X}_{(i+1)\Delta})^{j}-(x-X_{i\Delta})^{j}\big)\big]$$

$$= E\big[K_{h}^{j}(x-X_{i\Delta})\big(j(x-X_{i\Delta})^{j-1}(\tilde{X}_{(i+1)\Delta}-X_{i\Delta})\big)\big]+o(1)$$

$$= E\big[K_{h}^{j}(x-X_{i\Delta})j(x-X_{i\Delta})^{j-1}\big[E(\tilde{X}_{(i+1)\Delta}-X_{i\Delta}\mid X_{i\Delta})\big]\big]+o(1)$$

$$= \Delta E\big[K_{h}^{j}(x-X_{i\Delta})j(x-X_{i\Delta})^{j-1}\mu(X_{i\Delta})\big]+o(1)$$

$$= O(\Delta)$$

其中，倒数第二行可由引理2.1得到. 因此

$$\lim_{n\to\infty}E\Big[\frac{1}{n}\sum_{i=1}^{n}(x-\tilde{X}_{(i+1)\Delta})^{j}K_{h}^{j}(x-X_{i\Delta}) - \frac{1}{n}\sum_{i=1}^{n}(x-X_{i\Delta})^{j}K_{h}^{j}(x-X_{i\Delta})\Big]=0$$

$$(2\text{-}4\text{-}4)$$

另一方面

$$\mathrm{Var}\Big[\frac{1}{n}\sum_{i=1}^{n}(x-\tilde{X}_{(i+1)\Delta})^{j}K_{h}^{j}(x-X_{i\Delta}) - \frac{1}{n}\sum_{i=1}^{n}(x-X_{i\Delta})^{j}K_{h}^{j}(x-X_{i\Delta})\Big]$$

$$= \frac{1}{nh}\mathrm{Var}\left[\sqrt{\frac{h}{n}}\sum_{i=1}^{n}K_h^j(x-X_{i\Delta})\left((x-\tilde{X}_{(i+1)\Delta})^j-(x-X_{i\Delta})^j\right)\right]$$

$$= \frac{1}{nh}\mathrm{Var}\left[\sqrt{\frac{h}{n}}\sum_{i=1}^{n}K_h^j(x-X_{i\Delta})\left(j(x-X_{i\Delta})^{j-1}(\tilde{X}_{(i+1)\Delta}-X_{i\Delta})\right)\right]+o(1)$$

$$= \frac{1}{nh}\mathrm{Var}\left[\frac{1}{\sqrt{n}}\sum_{i=1}^{n}g_{ij}\right]+o(1)$$

其中, $g_{ij}=\sqrt{h}K_h^j(x-X_{i\Delta})j(x-X_{i\Delta})^{j-1}(\tilde{X}_{(i+1)\Delta}-X_{i\Delta})$. 此时

$$\mathrm{Var}\left[\frac{1}{\sqrt{n}}\sum_{i=1}^{n}g_{ij}\right]=\frac{1}{n}\sum_{i=1}^{n}\mathrm{Var}(g_{ij})+\frac{2}{n}\sum_{i=k+1}^{n}\sum_{k=1}^{n-1}\mathrm{Cov}(g_{ij},g_{kj})$$

下证

$$\mathrm{Var}\left[\frac{1}{\sqrt{n}}\sum_{i=1}^{n}g_{ij}\right]<\infty$$

因为在平稳性和条件 A2 下, 对所有的 g_{ij}, 如果 $\mathrm{Var}(g_{ij})<\infty$, 则当 $i\rightarrow\infty$ 时, 协

方差 $\mathrm{Cov}(g_{1j},g_{ij})$ 以指数速率收敛到 0. 所以为了证明 $\mathrm{Var}\left[\dfrac{1}{\sqrt{n}}\sum_{i=1}^{n}g_{ij}\right]<\infty$, 只

需要证明

$$E(g_{ij}^2)=E\left[hK_h^{2j}(x-X_{i\Delta})j^2(x-X_{i\Delta})^{2(j-1)}(\tilde{X}_{(i+1)\Delta}-X_{i\Delta})^2\right]<\infty$$

事实上

$$E(g_{ij}^2)=E\left[hK_h^{2j}(x-X_{i\Delta})j^2(x-X_{i\Delta})^{2(j-1)}(\tilde{X}_{(i+1)\Delta}-X_{i\Delta})^2\right]$$

$$=E\left[hK_h^{2j}(x-X_{i\Delta})j^2(x-X_{i\Delta})^{2(j-1)}E\left[(\tilde{X}_{(i+1)\Delta}-X_{i\Delta})^2\mid X_{i\Delta}\right]\right]$$

并且

$$E\left[(\tilde{X}_{(i+1)\Delta}-X_{i\Delta})^2\mid X_{i\Delta}\right]$$

$$= E(\tilde{X}_{(i+1)\Delta}^2 \mid X_{i\Delta}) + E(X_{i\Delta}^2 \mid X_{i\Delta}) -$$

$$2E(\tilde{X}_{(i+1)\Delta} X_{i\Delta} \mid X_{i\Delta}) \qquad (2\text{-}4\text{-}5)$$

由引理 2.1，对式（2-4-5）的第一项，有

$$E(\tilde{X}_{(i+1)\Delta}^2 \mid X_{i\Delta})$$

$$= E\left(\frac{(Y_{(i+1)\Delta} - Y_{i\Delta})^2}{\Delta^2} \bigg| X_{i\Delta} \right)$$

$$= X_{i\Delta}^2 + \left(\frac{1}{3}\sigma^2(X_{i\Delta}) + X_{i\Delta}\mu(X_{i\Delta}) \right)\Delta + R_1$$

对式（2-4-5）的第二项，有

$$E(X_{i\Delta}^2 \mid X_{i\Delta}) = X_{i\Delta}^2$$

对式（2-4-5）的第三项，有

$$E(\tilde{X}_{(i+1)\Delta} X_{i\Delta} \mid X_{i\Delta})$$

$$= E\left(\frac{Y_{(i+1)\Delta} - Y_{i\Delta}}{\Delta} X_{i\Delta} \mid X_{i\Delta} \right)$$

$$= X_{i\Delta}^2 + \frac{1}{2} X_{i\Delta}\mu(X_{i\Delta})\Delta + R_2$$

综上可得

$$E\left[(\tilde{X}_{(i+1)\Delta} - X_{i\Delta})^2 \mid X_{i\Delta} \right] = \frac{1}{3}\sigma^2(X_{i\Delta})\Delta + R$$

其中，$R = R_1 - R_2$，R_1，R_2 为阶为 Δ^2 的随机函数. 因此可得 $E(g_{ij}^2) < \infty$，并且当 $nh \to \infty$ 时，有

$$\lim_{n \to \infty} \mathrm{Var}\left[\frac{1}{n}\sum_{i=1}^{n}(x - \tilde{X}_{(i+1)\Delta})^{j}K_{h}^{j}(x - X_{i\Delta}) - \frac{1}{n}\sum_{i=1}^{n}(x - X_{i\Delta})^{j}K_{h}^{j}(x - X_{i\Delta})\right] = 0$$

$$(2\text{-}4\text{-}6)$$

由式 (2-4-4) 和式 (2-4-6) 可知式 (2-4-3) 成立, 因此有

$$\frac{\tilde{A}_{j}}{\tilde{A}_{2}} - \frac{A_{j}}{A_{2}} \xrightarrow{\mathrm{P}} 0$$

即

$$\frac{\tilde{A}_{j}}{\tilde{A}_{2}} = \begin{cases} \dfrac{hp'(x)\displaystyle\int u^{j+1}K^{j}(u)\,\mathrm{d}u + O(h^{2})}{v_{2}p(x) + O(h^{2})} + o_{p}(1), & j = 1,3,5,\cdots \\[4mm] \dfrac{p(x)\displaystyle\int u^{j}K^{j}(u)\,\mathrm{d}u + O(h^{2})}{v_{2}p(x) + O(h^{2})} + o_{p}(1), & j = 4,6,\cdots \end{cases} \qquad (2\text{-}4\text{-}7)$$

将上式代入式 (2-4-1), 可证得引理的第一部分.

接下来证明引理的第二部分. 由式 (2-2-5)

$$0 = \left| \frac{1}{n}\sum_{i=1}^{n} \frac{(x - \tilde{X}_{(i+1)\Delta})K_{h}(x - \tilde{X}_{i\Delta})}{1 + \lambda(x - \tilde{X}_{(i+1)\Delta})K_{h}(x - \tilde{X}_{i\Delta})} \right|$$

$$= \left| \frac{1}{n}\sum_{i=1}^{n}\left[\frac{\lambda(x - \tilde{X}_{(i+1)\Delta})^{2}K_{h}^{2}(x - \tilde{X}_{i\Delta})}{1 + \lambda(x - \tilde{X}_{(i+1)\Delta})K_{h}(x - \tilde{X}_{i\Delta})} - (x - \tilde{X}_{(i+1)\Delta})K_{h}(x - \tilde{X}_{i\Delta}) \right] \right|$$

$$\geqslant \frac{1}{n}\sum_{i=1}^{n} \frac{|\lambda|(x - \tilde{X}_{(i+1)\Delta})^{2}K_{h}^{2}(x - \tilde{X}_{i\Delta})}{|1 + \lambda(x - \tilde{X}_{(i+1)\Delta})K_{h}(x - \tilde{X}_{i\Delta})|} - \left| \frac{1}{n}\sum_{i=1}^{n}(x - \tilde{X}_{(i+1)\Delta})K_{h}(x - \tilde{X}_{i\Delta}) \right|$$

$$\geqslant \frac{|\lambda| \tilde{A}_2}{1 + |\lambda| C} - |\tilde{A}_1|$$

$$= \frac{|\lambda| (\tilde{A}_2 - C|\tilde{A}_1|) - |\tilde{A}_1|}{1 + |\lambda| C}$$

其中

$$C = \max_{1 \leqslant i \leqslant n} | (x - \tilde{X}_{(i+1)\Delta}) K_h(x - \tilde{X}_{i\Delta}) |$$

因此

$$|\lambda| \leqslant |\tilde{A}_1| / (\tilde{A}_2 - C|\tilde{A}_1|)$$

由式（2-4-7）知 $|\lambda| = O_p(h)$. 证毕.

引理 2.4（Xu，2010） 考虑模型（2-1-1），若条件 A1，A3 和 A5（2）成立，则对任一 $x \in D = (l, r)$，有

（1）$\hat{\sigma}_0^2(x) \xrightarrow{P} \sigma^2(x)$；

（2）进一步，若 $h = O(n^{-1/5})$，则有

$$\sqrt{nh} \left(\hat{\sigma}_0^2(x) - \sigma^2(x) - \frac{h^2 K_1}{2} (\sigma^2(x))'' \right) \xrightarrow{D} N\left(0, \frac{4K_2 \sigma^4(x)}{p(x)} \right)$$

其中

$$\hat{\sigma}_0^2(x) = \frac{\displaystyle\sum_{i=1}^n \omega_i^0(x) K_h(x - X_{i\Delta}) \frac{(X_{(i+1)\Delta} - X_{i\Delta})^2}{\Delta}}{\displaystyle\sum_{i=1}^n \omega_i^0(x) K_h(x - X_{i\Delta})}$$

$$\omega_i^0(x) = \frac{1}{n(1 + \lambda_0(x - X_{i\Delta}) K_h(x - X_{i\Delta}))}$$

并且，λ_0 满足

$$\sum_{i=1}^{n} \frac{(x - X_{i\Delta})K_h(x - X_{i\Delta})}{n(1 + \lambda_0(x - X_{i\Delta})K_h(x - X_{i\Delta}))} = 0$$

定理 2.1 的证明

（1）先证明相合性

$$\hat{\sigma}^2(x) = \frac{\sum_{i=1}^{n} \omega_i(x)K_h(x - \tilde{X}_{i\Delta}) \dfrac{\dfrac{3}{2}(\tilde{X}_{(i+2)\Delta} - \tilde{X}_{(i+1)\Delta})^2}{\Delta}}{\sum_{i=1}^{n} \omega_i(x)K_h(x - \tilde{X}_{i\Delta})} \xrightarrow{P} \sigma^2(x)$$

令

$$A_n(x) = \sum_{i=1}^{n} \omega_i(x)K_h(x - \tilde{X}_{i\Delta}) \frac{\dfrac{3}{2}(\tilde{X}_{(i+2)\Delta} - \tilde{X}_{(i+1)\Delta})^2}{\Delta}$$

$$B_n(x) = \sum_{i=1}^{n} \omega_i(x)K_h(x - \tilde{X}_{i\Delta})$$

$$A_n^0(x) = \sum_{i=1}^{n} \omega_i^0(x)K_h(x - X_{i\Delta}) \frac{(X_{(i+1)\Delta} - X_{i\Delta})^2}{\Delta}$$

$$B_n^0(x) = \sum_{i=1}^{n} \omega_i^0(x)K_h(x - X_{i\Delta})$$

则需要证明

$$\hat{\sigma}^2(x) = \frac{A_n(x)}{B_n(x)} \xrightarrow{P} \sigma^2(x)$$

由引理 2.4 知

$$\frac{A_n^0(x)}{B_n^0(x)} \xrightarrow{P} \sigma^2(x)$$

因此只需证明

$$B_n(x) \xrightarrow{P} B_n^0(x) \tag{2-4-8}$$

$$A_n(x) \xrightarrow{P} A_n^0(x) \tag{2-4-9}$$

先来证明式（2-4-8）. 由引理 2.3 以及 Xu（2010），有

$$\omega_i(x) = \frac{1}{n(1 + \lambda(x - \tilde{X}_{(i+1)\Delta})K_h(x - \tilde{X}_{i\Delta}))}$$

$$= \frac{1}{n}(1 - \lambda(x - \tilde{X}_{(i+1)\Delta})K_h(x - \tilde{X}_{i\Delta}) + \lambda^2((x - \tilde{X}_{(i+1)\Delta})K_h(x - \tilde{X}_{i\Delta}))^2 +$$

$$O_p(h^3))$$

$$\omega_i^0(x) = \frac{1}{n(1 + \lambda_0(x - X_{i\Delta})K_h(x - X_{i\Delta}))}$$

$$= \frac{1}{n}(1 - \lambda_0(x - X_{i\Delta})K_h(x - X_{i\Delta}) + \lambda_0^2((x - X_{i\Delta})K_h(x - X_{i\Delta}))^2 +$$

$$O_p(h^3))$$

因此须证

$$\frac{1}{n}\sum_{i=1}^{n}K_h(x - \tilde{X}_{i\Delta}) - \frac{1}{n}\sum_{i=1}^{n}K_h(x - X_{i\Delta}) \xrightarrow{P} 0 \tag{2-4-10}$$

$$\frac{1}{n}\sum_{i=1}^{n}\lambda(x - \tilde{X}_{(i+1)\Delta})(K_h(x - \tilde{X}_{i\Delta}))^2 - \frac{1}{n}\sum_{i=1}^{n}\lambda_0(x - X_{i\Delta})(K_h(x - X_{i\Delta}))^2 \xrightarrow{P} 0$$

$$\tag{2-4-11}$$

$$\frac{1}{n}\sum_{i=1}^{n}\lambda^2(x - \tilde{X}_{(i+1)\Delta})^2(K_h(x - \tilde{X}_{i\Delta}))^3 - \frac{1}{n}\sum_{i=1}^{n}\lambda_0^2(x - X_{i\Delta})^2(K_h(x - X_{(i-1)\Delta}))^3 \xrightarrow{P} 0$$

$$\tag{2-4-12}$$

式（2-4-10）可由引理2.2得到. 因为式（2-4-11）和式（2-4-12）的证明类似，所以只证明式（2-4-11），即需要证明

$$\frac{1}{n}\sum_{i=1}^{n}\lambda(x-\tilde{X}_{(i+1)\Delta})(K_h(x-\tilde{X}_{i\Delta}))^2 - \frac{1}{n}\sum_{i=1}^{n}\lambda_0(x-\tilde{X}_{(i+1)\Delta})\cdot$$

$$(K_h(x-X_{i\Delta}))^2 \xrightarrow{P} 0 \tag{2-4-13}$$

$$\frac{1}{n}\sum_{i=1}^{n}\lambda_0(x-\tilde{X}_{(i+1)\Delta})(K_h(x-X_{i\Delta}))^2 - \frac{1}{n}\sum_{i=1}^{n}\lambda_0(x-X_{i\Delta})\cdot$$

$$(K_h(x-X_{i\Delta}))^2 \xrightarrow{P} 0 \tag{2-4-14}$$

式（2-4-13）可由引理2.2得到. 对于式（2-4-14），由引理2.1有

$$E\left[\frac{1}{n}\sum_{i=1}^{n}\lambda_0(x-\tilde{X}_{(i+1)\Delta})(K_h(x-X_{i\Delta}))^2 - \frac{1}{n}\sum_{i=1}^{n}\lambda_0(x-X_{i\Delta})(K_h(x-X_{i\Delta}))^2\right]$$

$$= E\left[\frac{1}{n}\sum_{i=1}^{n}(K_h(x-X_{i\Delta}))^2(\lambda_0(x-\tilde{X}_{(i+1)\Delta}) - \lambda_0(x-X_{i\Delta}))\right]$$

$$= E[(K_h(x-X_{i\Delta}))^2(\lambda_0(x-\tilde{X}_{(i+1)\Delta}) - \lambda_0(x-X_{i\Delta}))]$$

$$= E[(K_h(x-X_{i\Delta}))^2\lambda_0[E((x-\tilde{X}_{(i+1)\Delta}) - (x-X_{i\Delta})) \mid X_{i\Delta}]]$$

$$= O(h)E[(K_h(x-X_{i\Delta}))^2[E((x-\tilde{X}_{(i+1)\Delta}) - (x-X_{i\Delta})) \mid X_{i\Delta}]]$$

$$= \Delta O(h)E[(K_h(x-X_{i\Delta}))^2\mu(X_{i\Delta})] + O(\Delta^2)$$

$$= O(\Delta)$$

因此

$$\lim_{n\to\infty}E\left[\frac{1}{n}\sum_{i=1}^{n}(K_h(x-X_{i\Delta}))^2[\lambda_0(x-\tilde{X}_{(i+1)\Delta}) - \lambda_0(x-X_{i\Delta})]\right] = 0$$

另一方面

$$\mathrm{Var}\Big[\frac{1}{n}\sum_{i=1}^{n}\lambda_0(x-\tilde{X}_{(i+1)\Delta})(K_h(x-X_{i\Delta}))^2 - \frac{1}{n}\sum_{i=1}^{n}\lambda_0(x-X_{i\Delta})(K_h(x-X_{i\Delta}))^2\Big]$$

$$=\mathrm{Var}\Big[\frac{1}{n}\sum_{i=1}^{n}(K_h(x-X_{i\Delta}))^2(\lambda_0(x-\tilde{X}_{(i+1)\Delta})-\lambda_0(x-X_{i\Delta}))\Big]$$

$$=\frac{O(h)}{n}\mathrm{Var}\Big[\sqrt{\frac{h}{n}}\sum_{i=1}^{n}(K_h(x-X_{i\Delta}))^2(X_{i\Delta}-\tilde{X}_{(i+1)\Delta})\Big]$$

$$=\frac{O(h)}{n}\mathrm{Var}\Big[\frac{1}{\sqrt{n}}\sum_{i=1}^{n}g_i\Big]$$

其中, $g_i=\sqrt{h}(K_h(x-X_{i\Delta}))^2(X_{i\Delta}-\tilde{X}_{(i+1)\Delta})$, 并且

$$\mathrm{Var}\Big[\frac{1}{\sqrt{n}}\sum_{i=1}^{n}g_i\Big]=\frac{1}{n}\sum_{i=1}^{n}\mathrm{Var}(g_i)+\frac{2}{n}\sum_{j=i+1}^{n}\sum_{i=1}^{n-1}\mathrm{Cov}(g_i,g_j)$$

由引理 2.3 的证明类似可得

$$E(g_i^2)=E[h(K_h(x-X_{i\Delta}))^4(\tilde{X}_{(i+1)\Delta}-X_{i\Delta})^2]$$

$$=E[h(K_h(x-X_{i\Delta}))^4E[(\tilde{X}_{(i+1)\Delta}-X_{i\Delta})^2\mid X_{i\Delta}]]<\infty$$

因此有

$$\lim_{n\to\infty}\mathrm{Var}\Big[\frac{1}{n}\sum_{i=1}^{n}(K_h(x-X_{i\Delta}))^2[\lambda_0(x-\tilde{X}_{(i+1)\Delta})-\lambda_0(x-X_{i\Delta})]\Big]=0$$

下证式 (2-4-9). 这需要证明

$$\sum_{i=1}^{n}\omega_i^0(x)K_h(x-\tilde{X}_{i\Delta})\Big[\frac{\frac{3}{2}(\tilde{X}_{(i+2)\Delta}-\tilde{X}_{(i+1)\Delta})^2}{\Delta}-\frac{(X_{(i+1)\Delta}-X_{i\Delta})^2}{\Delta}\Big]\xrightarrow{P}0$$

$$(2\text{-}4\text{-}15)$$

$$\sum_{i=1}^{n} \left[\omega_i(x) K_h(x - \tilde{X}_{i\Delta}) - \omega_i^0(x) K_h(x - X_{i\Delta}) \right] \frac{\frac{3}{2}(\tilde{X}_{(i+2)\Delta} - \tilde{X}_{(i+1)\Delta})^2}{\Delta} \xrightarrow{P} 0$$

$$(2\text{-}4\text{-}16)$$

因为

$$\omega_i^0(x) = \frac{1}{n(1 + \lambda_0(x - X_{i\Delta}) K_h(x - X_{i\Delta}))}$$

$$= \frac{1}{n}(1 - \lambda_0(x - X_{i\Delta}) K_h(x - X_{i\Delta}) + \lambda_0^2((x - X_{i\Delta}) K_h(x - X_{i\Delta}))^2 + O_p(h^3))$$

因此要证式 (2-4-15) 须证

$$\frac{1}{n} \sum_{i=1}^{n} K_h(x - X_{i\Delta}) \left(\frac{\frac{3}{2}(\tilde{X}_{(i+2)\Delta} - \tilde{X}_{(i+1)\Delta})^2}{\Delta} - \frac{(X_{(i+1)\Delta} - X_{i\Delta})^2}{\Delta} \right) \xrightarrow{P} 0$$

$$(2\text{-}4\text{-}17)$$

$$\frac{1}{n} \sum_{i=1}^{n} \lambda_0(x - X_{i\Delta})(K_h(x - X_{i\Delta}))^2 \left(\frac{\frac{3}{2}(\tilde{X}_{(i+2)\Delta} - \tilde{X}_{(i+1)\Delta})^2}{\Delta} - \frac{(X_{(i+1)\Delta} - X_{i\Delta})^2}{\Delta} \right) \xrightarrow{P} 0$$

$$(2\text{-}4\text{-}18)$$

$$\frac{1}{n} \sum_{i=1}^{n} \lambda_0^2(x - X_{i\Delta})^2 (K_h(x - X_{i\Delta}))^3 \left(\frac{\frac{3}{2}(\tilde{X}_{(i+2)\Delta} - \tilde{X}_{(i+1)\Delta})^2}{\Delta} - \frac{(X_{(i+1)\Delta} - X_{i\Delta})^2}{\Delta} \right) \xrightarrow{P} 0$$

$$(2\text{-}4\text{-}19)$$

因为式 (2-4-17), 式 (2-4-18) 和式 (2-4-19) 的证法类似, 所以只证式 (2-4-18). 因为

$$E\left[\frac{1}{n}\sum_{i=1}^{n}\lambda_0(x-X_{i\Delta})(K_h(x-X_{i\Delta}))^2\left(\frac{3}{2}\frac{(\tilde{X}_{(i+2)\Delta}-\tilde{X}_{(i+1)\Delta})^2}{\Delta}-\frac{(X_{(i+1)\Delta}-X_{i\Delta})^2}{\Delta}\right)\right]$$

$$=O(h)E\left[(x-X_{i\Delta})(K_h(x-X_{i\Delta}))^2\left(\frac{3}{2}\frac{(\tilde{X}_{(i+2)\Delta}-\tilde{X}_{(i+1)\Delta})^2}{\Delta}-\frac{(X_{(i+1)\Delta}-X_{i\Delta})^2}{\Delta}\right)\right]$$

$$=O(h)E\left\{(x-X_{i\Delta})(K_h(x-X_{i\Delta}))^2\right.$$

$$\left.E\left(E\left[\left(\frac{3}{2}\frac{(\tilde{X}_{(i+2)\Delta}-\tilde{X}_{(i+1)\Delta})^2}{\Delta}-\frac{(X_{(i+1)\Delta}-X_{i\Delta})^2}{\Delta}\right)\middle|\mathscr{F}_{(i+1)\Delta}\right]\middle|\mathscr{F}_{i\Delta}\right)\right\}$$

$$=O(h)E[(x-X_{i\Delta})(K_h(x-X_{i\Delta}))^2+O(\Delta)]$$

其中，最后一个等式成立是因为

$$E\left[E\left[\left(\frac{3}{2}\frac{(\tilde{X}_{(i+2)\Delta}-\tilde{X}_{(i+1)\Delta})^2}{\Delta}-\frac{(X_{(i+1)\Delta}-X_{i\Delta})^2}{\Delta}\right)\middle|\mathscr{F}_{(i+1)\Delta}\right]\middle|\mathscr{F}_{i\Delta}\right]=O(\Delta)$$

这可由引理 2.1 推得.

综上可得

$$\lim_{n\to\infty}E\left[\frac{1}{n}\sum_{i=1}^{n}\lambda_0(x-X_{i\Delta})(K_h(x-X_{i\Delta}))^2\cdot\right.$$

$$\left.\left(\frac{3}{2}\frac{(\tilde{X}_{(i+2)\Delta}-\tilde{X}_{(i+1)\Delta})^2}{\Delta}-\frac{(X_{(i+1)\Delta}-X_{i\Delta})^2}{\Delta}\right)\right]=0$$

另一方面

$$\mathrm{Var}\left[\frac{1}{n}\sum_{i=1}^{n}\lambda_0(x-X_{i\Delta})(K_h(x-X_{i\Delta}))^2\left(\frac{3}{2}\frac{(\tilde{X}_{(i+2)\Delta}-\tilde{X}_{(i+1)\Delta})^2}{\Delta}-\frac{(X_{(i+1)\Delta}-X_{i\Delta})^2}{\Delta}\right)\right]$$

$$=\frac{O(h)}{nh}\mathrm{Var}\left[\sqrt{\frac{h}{n}}\sum_{i=1}^{n}(x-X_{i\Delta})(K_h(x-X_{i\Delta}))^2\left(\frac{3}{2}\frac{(\tilde{X}_{(i+2)\Delta}-\tilde{X}_{(i+1)\Delta})^2}{\Delta}-\frac{(X_{(i+1)\Delta}-X_{i\Delta})^2}{\Delta}\right)\right]$$

$$= \frac{O(1)}{n} \mathrm{Var}\left[\frac{1}{\sqrt{n}} \sum_{i=1}^{n} g_i \right]$$

其中

$$g_i = \sqrt{h}\,(x - X_{i\Delta})\,(K_h(x - X_{i\Delta}))^2 \left(\frac{3}{2} \frac{(\tilde{X}_{(i+2)\Delta} - \tilde{X}_{(i+1)\Delta})^2}{\Delta} - \frac{(X_{(i+1)\Delta} - X_{i\Delta})^2}{\Delta} \right)$$

同式（2-4-3）证明类似，只需证明 $E(g_i^2) < \infty$ ，而这可从下式得到

$$E\left[\left(\frac{3}{2} \frac{(\tilde{X}_{(i+2)\Delta} - \tilde{X}_{(i+1)\Delta})^2}{\Delta} - \frac{(X_{(i+1)\Delta} - X_{i\Delta})^2}{\Delta} \right)^2 \right] = O(1)$$

因此有

$$\lim_{n \to \infty} \mathrm{Var}\left[\frac{1}{n} \sum_{i=1}^{n} \lambda_0(x - X_{i\Delta})\,(K_h(x - X_{i\Delta}))^2 \cdot \right.$$

$$\left. \left(\frac{3}{2} \frac{(\tilde{X}_{(i+2)\Delta} - \tilde{X}_{(i+1)\Delta})^2}{\Delta} - \frac{(X_{(i+1)\Delta} - X_{i\Delta})^2}{\Delta} \right) \right] = 0$$

接下来证式（2-4-16），这等价于证明

$$\frac{1}{n} \sum_{i=1}^{n} \left[K_h(x - \tilde{X}_{i\Delta}) - K_h(x - X_{i\Delta}) \right] \frac{\frac{3}{2}(\tilde{X}_{(i+2)\Delta} - \tilde{X}_{(i+1)\Delta})^2}{\Delta} \xrightarrow{P} 0 \qquad (2\text{-}4\text{-}20)$$

$$\frac{1}{n} \sum_{i=1}^{n} \frac{\frac{3}{2}(\tilde{X}_{(i+2)\Delta} - \tilde{X}_{(i+1)\Delta})^2}{\Delta} \lambda(x - \tilde{X}_{(i+1)\Delta})\,(K_h(x - \tilde{X}_{i\Delta}))^2 -$$

$$\frac{1}{n} \sum_{i=1}^{n} \frac{\frac{3}{2}(\tilde{X}_{(i+2)\Delta} - \tilde{X}_{(i+1)\Delta})^2}{\Delta} \lambda_0(x - X_{i\Delta})\,(K_h(x - X_{i\Delta}))^2 \xrightarrow{P} 0 \quad (2\text{-}4\text{-}21)$$

$$\frac{1}{n} \sum_{i=1}^{n} \frac{\frac{3}{2}(\tilde{X}_{(i+2)\Delta} - \tilde{X}_{(i+1)\Delta})^2}{\Delta} \lambda^2(x - \tilde{X}_{(i+1)\Delta})^2\,(K_h(x - \tilde{X}_{i\Delta}))^3 -$$

$$\frac{1}{n}\sum_{i=1}^{n}\frac{\frac{3}{2}(\tilde{X}_{(i+2)\Delta}-\tilde{X}_{(i+1)\Delta})^2}{\Delta}\lambda_0^2(x-X_{i\Delta})^2(K_h(x-X_{i\Delta}))^3\xrightarrow{P}0 \quad (2\text{-}4\text{-}22)$$

式（2-4-20）的证明与引理 2.2 类似，此处略. 式（2-4-21）和式（2-4-22）的证明类似，只证式（2-4-21），即证

$$\frac{1}{n}\sum_{i=1}^{n}\frac{\frac{3}{2}(\tilde{X}_{(i+2)\Delta}-\tilde{X}_{(i+1)\Delta})^2}{\Delta}\lambda_0 K_h^2(x-X_{i\Delta})[(x-\tilde{X}_{(i+1)\Delta})^2-(x-X_{i\Delta})^2]\xrightarrow{P}0$$

$$(2\text{-}4\text{-}23)$$

$$\frac{1}{n}\sum_{i=1}^{n}\frac{\frac{3}{2}(\tilde{X}_{(i+2)\Delta}-\tilde{X}_{(i+1)\Delta})^2}{\Delta}(x-\tilde{X}_{(i+1)\Delta})^2[\lambda K_h^2(x-\tilde{X}_{i\Delta})-\lambda_0 K_h^2(x-X_{i\Delta})^2]\xrightarrow{P}0$$

$$(2\text{-}4\text{-}24)$$

式（2-4-24）可由引理 2.2 得到，式（2-4-23）的证明与式（2-4-18）类似，定理第一部分得证.

（2）令 $\hat{\sigma}_{00}^2(x)=\dfrac{A_n^0(x)}{B_n(x)}$，由引理 2.4 以及定理第一部分的证明可知

$$\sqrt{nh}\left(\hat{\sigma}_{00}^2(x)-\sigma^2(x)-\frac{h^2 K_1}{2}(\sigma^2(x))''\right)\xrightarrow{D}N\left(0,\frac{4K_2\sigma^4(x)}{p(x)}\right)$$

因此，由渐近等价定理，只须证明

$$\sqrt{nh}\left(\hat{\sigma}^2(x)-\sigma^2(x)-\frac{h^2 K_1}{2}(\sigma^2(x))''\right)-$$

$$\sqrt{nh}\left(\hat{\sigma}_{00}^2(x)-\sigma^2(x)-\frac{h^2 K_1}{2}(\sigma^2(x))''\right)\xrightarrow{P}0$$

事实上

$$\sqrt{nh}\left(\hat{\sigma}^2(x) - \sigma^2(x) - \frac{h^2 K_1}{2}(\sigma^2(x))''\right) -$$

$$\sqrt{nh}\left(\hat{\sigma}_{00}^2(x) - \sigma^2(x) - \frac{h^2 K_1}{2}(\sigma^2(x))''\right)$$

$$= \sqrt{nh}(\hat{\sigma}^2(x) - \hat{\sigma}_{00}^2(x))$$

$$= \sqrt{nh}\,\frac{A_n(x) - A_n^0(x)}{B_n(x)}$$

由定理第一部分的证明可知

$$A_n(x) - A_n^0(x) = O_p(\Delta)$$

因此，由条件 $nh\Delta^2 \to 0$ 知，定理第二部分的结果成立. 证毕.

3　二阶扩散过程的经验似然推断

<<<<<<<<<<<<<<<<<<<<<<<<<<<<<<<<<<<<<<<<<<<<<<<<<<<<<<<<<<<<<<<<<<<<<<<<

3.1　二阶扩散模型和非对称置信区间

在第二章中，构造了由二阶随机微分方程

$$\begin{cases} \mathrm{d}Y_t = X_t \mathrm{d}t \\ \mathrm{d}X_t = \mu(X_t)\mathrm{d}t + \sigma(X_t)\mathrm{d}B_t \end{cases} \tag{3-1-1}$$

确定的二阶扩散过程的扩散系数的复加权估计量. 其中，$\{B_t, t \geq 0\}$ 为标准布朗运动，X 为平稳过程，$\mu(\cdot)$ 和 $\sigma(\cdot)$，分别为过程 $\{X_t\}$ 的漂移函数和扩散函数，它们是与 X_t 时齐的函数. 本章将构造二阶扩散过程的漂移系数 $\mu(\cdot)$ 和扩散系数 $\sigma^2(\cdot)$ 的经验似然基础上的估计量和置信区间. 尽管由式（3-1-1）定义的随机过程是连续的随机模型，只在离散的点处进行采样，例如在 n 个等距离的点 $\{i\Delta, i=0, 1, \cdots, n\}$ 处进行采样，此处 Δ 指样本区间，它可以是固定的，也可以趋向于零. 由第二章的分析可知，X 在时间点 $t_i = i\Delta$（其中 $\Delta = t_i - t_{i-1}$）处的值是不可观察的，所以估计量和置信区间不能由此构造，和第二章一样，本章也将把估计建立在如下的样本 $\{\tilde{X}_{i\Delta}, i = 1, 2, \cdots\}$ 上

$$\tilde{X}_{i\Delta} = \frac{Y_{i\Delta} - Y_{(i-1)\Delta}}{\Delta} \tag{3-1-2}$$

对于二阶扩散过程，Nicolau（2007）已经得到了其漂移系数 $\mu(\cdot)$ 和扩散系数 $\sigma^2(\cdot)$ 的 Nadaraya-Watson 估计量，Wang 和 Lin（2010）得到了它们的局部线性估计量. 但是，相对于估计而言，置信区间提供了更多的信息. 在一定的条件下，从文献 Nicolau（2007），Wang 和 Lin（2010）得到的估计量都是渐近正态的，因此只能构造 $\mu(\cdot)$ 和 $\sigma^2(\cdot)$ 的正态逼近基础上的置信区间. 但是这种方法的一个明显的缺点是，构造的置信区间总是对称的，人为地以估计量的某个点估计为中心，因此无法提供估计量的变化方向的信息. 另外，这种方法还需要

对方差进行估计，而由于估计渐近方差还需要对扩散函数和平稳密度或者局部时（不要求平稳时）进行非参数估计，所以往往具有较大的偏差. 特别是对于过程访问稀少的点，其数据中的真实信息量也很少时尤其如此. 因此，渐近方差的估计往往与估计量的实际变化相差很大，而这将导致置信区间的覆盖率扭曲以及平滑带宽选取的高灵敏性.

为了解决上述困难，本章试图结合二阶扩散过程的漂移系数和扩散系数的局部线性估计量建立经验似然基础上的非对称的置信区间. 考虑局部线性平滑是因为其受到越来越多的重视，应用也越来越广泛，并且本章的思想可以直接推广到局部常数（或 Nadaraya-Watson）或局部多项式估计量的情形. 经验似然方法是由 Owen（1988）首次提出用来推断独立同分布样本的未知分布的均值的，并且被证明是构造置信区间和检验统计量的一种非常有效的方法，这种方法具有和自助法（bootstrap）类似的样本性质，但是工作原理不同，自助法是通过再抽样原理工作的，而经验似然方法是通过分析建立在样本上的多项式似然比来工作的. 在很多文献中都证明了经验似然方法相对于正态逼近方法具有很多优点，即和传统的正态基础上的方法相比，经验似然具有自动选择漂移系数和扩散系数的局部线性估计的方差估计量的优势，从而可以避免不准确的二次嵌入的方差估计. 另外，和正态基础上的置信区间不同，经验似然方法不事先对区间的形状进行限制，而是由数据确定区间的形状，这样可以在有限样本时对估计量的可能偏差进行解释. 经验似然方法的另一优点是在构造置信区间时不需要构造轴统计量，自然也就不需要估计其方差，而方差的估计一般是一个比较困难的问题. 有关经验似然的全面的概述，读者可参考 Owen（2001）. 另外，Qin 和 Lawless（1994）也对基于估计函数的经验似然的总体框架进行了讨论.

本章将文献中用于非参数回归的经验似然方法用到二阶扩散过程中去. 对于独立样本情形，Hall 和 Owen（1993），Chen（1996）研究了基于核估计的密度函数的经验似然置信区间；Chen 和 Qin（2000）提出了建立在局部线性估计基础上的条件均值函数的经验似然置信区间，并且叙述了经验似然方法较正态基础上的方法的优势；Chan 等人（2011），Qin 和 Tsao（2005）发展了 Chen 和 Qin（2000）中的方法，考虑了条件方差函数和条件均值函数的导数的经验似然置信区间. Xu（2009）证明了 Chen 和 Qin（2000）中的方法用到非参数连续时间扩散过程的推断上去是适合的. 本章将证明上述方法在二阶扩散过程的推断上也会有很好的表现.

3.2 经验似然方法简介

本节来简单介绍一下经验似然方法. 该方法的第一步是构造经验似然估计方程，本章所讨论的问题其估计方程是建立在漂移系数和扩散系数的局部线性估计量的基础上的.

首先，二阶扩散过程中的漂移系数和扩散系数当 $\Delta \to 0$ 时有下式成立

$$E\left(\frac{\tilde{X}_{(i+1)\Delta} - \tilde{X}_{i\Delta}}{\Delta} \middle| \mathscr{F}_{(i-1)\Delta}\right) = \mu(X_{(i-1)\Delta}) + o(1) \qquad (3\text{-}2\text{-}1)$$

$$E\left(\frac{\frac{3}{2}(\tilde{X}_{(i+1)\Delta} - \tilde{X}_{i\Delta})^2}{\Delta} \middle| \mathscr{F}_{(i-1)\Delta}\right) = \sigma^2(X_{(i-1)\Delta}) + o(1) \qquad (3\text{-}2\text{-}2)$$

其中，$\mathscr{F}_t = \sigma\{X_s, s \leq t\}$. 式（3-2-1）和式（3-2-2）的推导详见第二章第四节.
令

$$\alpha_j = (\mu(x))^{(j)}/j!, \ j = 0, 1, 2, \cdots, p$$

$$\beta_j = (\sigma^2(x))^{(j)}/j!, \ j = 0, 1, 2, \cdots, p$$

利用局部多项式技术估计回归函数的方法，选取 α_j 和 β_j 分别最小化如下加权和

$$\sum_{i=1}^n \left(\frac{(\tilde{X}_{(i+1)\Delta} - \tilde{X}_{i\Delta})}{\Delta} - \sum_{j=0}^p \alpha_j(\tilde{X}_{i\Delta} - x)^j\right)^2 K\left(\frac{\tilde{X}_{(i-1)\Delta} - x}{h}\right)$$

$$\sum_{i=1}^n \left(\frac{\frac{3}{2}(\tilde{X}_{(i+1)\Delta} - \tilde{X}_{i\Delta})^2}{\Delta} - \sum_{j=0}^p \beta_j(\tilde{X}_{i\Delta} - x)^j\right)^2 K\left(\frac{\tilde{X}_{(i-1)\Delta} - x}{h}\right)$$

由此得 $\mu(x)$ 和 $\sigma^2(x)$ 的局部线性估计量（$p=1$）如下

$$\hat{\mu}(x) = \frac{\sum_{i=1}^n \tilde{W}_i(x) \dfrac{\tilde{X}_{(i+1)\Delta} - \tilde{X}_{i\Delta}}{\Delta}}{\sum_{i=1}^n \tilde{W}_i(x)} \qquad (3\text{-}2\text{-}3)$$

$$\hat{\sigma}^2(x) = \frac{\sum_{i=1}^{n} \tilde{W}_i(x) \dfrac{\frac{3}{2}(\tilde{X}_{(i+1)\Delta} - \tilde{X}_{i\Delta})^2}{\Delta}}{\sum_{i=1}^{n} \tilde{W}_i(x)} \tag{3-2-4}$$

其中，$K_h(\cdot) = K(\cdot/h)/h$，$K(\cdot)$ 为核函数，$h = h_n$ 为带宽，并且

$$\tilde{W}_i(x) = K_h(\tilde{X}_{(i-1)\Delta} - x)[\tilde{S}_{n,2} - (\tilde{X}_{i\Delta} - x)\tilde{S}_{n,1}]$$

$$\tilde{S}_{n,j} = \sum_{i=1}^{n}(\tilde{X}_{i\Delta} - x)^j K_h(\tilde{X}_{(i-1)\Delta} - x), \quad j = 1, 2$$

在本章中，令

$$\tilde{g}_{\mu i}(x, \theta) = \tilde{W}_i(x)\left(\frac{\tilde{X}_{(i+1)\Delta} - \tilde{X}_{i\Delta}}{\Delta} - \theta\right)$$

$$\tilde{g}_{\sigma i}(x, \theta) = \tilde{W}_i(x)\left(\frac{\frac{3}{2}(\tilde{X}_{(i+1)\Delta} - \tilde{X}_{i\Delta})^2}{\Delta} - \theta\right)$$

则由式 (3-2-3) 和式 (3-2-4)，有

$$\frac{1}{n}\sum_{i=1}^{n}\tilde{g}_{\mu i}(x, \hat{\mu}(x)) = 0 \tag{3-2-5}$$

$$\frac{1}{n}\sum_{i=1}^{n}\tilde{g}_{\sigma i}(x, \hat{\sigma}^2(x)) = 0 \tag{3-2-6}$$

设 $(\tilde{X}_{i\Delta}, \tilde{X}_{(i+1)\Delta})$ 的权重为 ω_i，根据 Owen（1990，2001）可定义经验似然比函数如下

$$\tilde{R}_\mu(x, \theta)$$

$$= \max_{\{\omega_1, \cdots, \omega_n\}}\left\{\prod_{i=1}^{n} n\omega_i \,\Big|\, \sum_{i=1}^{n}\omega_i\tilde{g}_{\mu i}(x, \theta) = 0, \ \omega_i \geqslant 0, \ \sum_{i=1}^{n}\omega_i = 1\right\} \tag{3-2-7}$$

$$\tilde{R}_\sigma(x, \theta)$$

$$= \max_{|\omega_1, \cdots, \omega_n|} \left\{ \prod_{i=1}^n n\omega_i \,\middle|\, \sum_{i=1}^n \omega_i \tilde{g}_{\sigma i}(x, \theta) = 0, \ \omega_i \geq 0, \ \sum_{i=1}^n \omega_i = 1 \right\} \tag{3-2-8}$$

考虑式（3-2-7），由 Lagrange 乘子法，令

$$\tilde{L}(\omega_i, \gamma, \lambda)$$

$$= \frac{1}{n} \sum_{i=1}^n \log n\omega_i - \gamma \left(\sum_{i=1}^n \omega_i - 1 \right) - \lambda \sum_{i=1}^n \omega_i \tilde{g}_{\mu i}(x, \theta)$$

求函数 $\tilde{L}(\omega_i, \gamma, \lambda)$ 分别关于 $\omega_i(i=1, 2, \cdots, n)$，$\gamma$，$\lambda$ 的一阶偏导数，并令偏导数为零，得

$$\begin{cases} 1 - n\gamma\omega_i - \lambda\omega_i \tilde{g}_{\mu i}(x, \theta) = 0, \ i = 1, 2, \cdots, n \\[2mm] \displaystyle\sum_{i=1}^n \omega_i - 1 = 0 \\[2mm] \displaystyle\sum_{i=1}^n \omega_i \tilde{g}_{\mu i}(x, \theta) = 0 \end{cases}$$

求解上述方程组，得

$$\omega_i = \frac{1}{n(1 + \lambda\tilde{g}_{\mu i}(x, \theta))} \tag{3-2-9}$$

并且 λ 满足

$$\frac{1}{n} \sum_{i=1}^n \frac{\tilde{g}_{\mu i}(x, \theta)}{1 + \lambda\tilde{g}_{\mu i}(x, \theta)} = 0 \tag{3-2-10}$$

注 3.1 通过微分，可以看到式（3-2-10）的左边关于 λ 是严格递减的，因此，λ 可以由式（3-2-10）唯一确定，并且其值可以通过数值搜索方法获得. 例如，由式（3-2-10）的单调性可知，Brent 方法或者 Newton 搜索法都是可行的. 具体的求解方法读者可参考 Owen（2001）.

将式（3-2-9）代入式（3-2-7）可得

$$\log \tilde{R}_\mu(x, \theta) = -\sum_{i=1}^{n} \log[1 + \lambda \tilde{g}_{\mu i}(x, \theta)] \qquad (3\text{-}2\text{-}11)$$

考虑式（3-2-8），利用和式（3-2-7）同样的方法可得到类似于式（3-2-9）~式（3-2-11）的结果，此处略.

下面给出本章中引理和定理成立所需要的条件：

条件 B1　（Nicolau，2007）

（1）设过程 X 的状态空间为 $D = (l, r)$，z_0 为 D 内任一点，且尺度密度函数记为

$$s(z) = \exp\left\{ -\int_{z_0}^{z} \frac{2\mu(x)}{\sigma^2(x)} \mathrm{d}x \right\}$$

对 $x \in D$，$l < x_1 < x < x_2 < r$，设

$$S(l, x] = \lim_{x_1 \to l} \int_{x_1}^{x} s(u) \mathrm{d}u = \infty$$

$$S[x, r) = \lim_{x_2 \to r} \int_{x}^{x_2} s(u) \mathrm{d}u = \infty$$

（2）$\displaystyle\int_{l}^{r} m(x) \mathrm{d}x < \infty$ ，其中 $m(x) = (\sigma^2(x) s(x))^{-1}$ 为速度密度函数；

（3）$X_0 = x$ 具有平稳分布 P^0，P^0 为遍历过程（条件（1）和（2）保证了 X 的遍历性）X 的不变分布.

条件 B2　设过程 X 的状态空间为 $D = (l, r)$，假设

$$\limsup_{x \to r} \left(\frac{\mu(x)}{\sigma(x)} - \frac{\sigma'(x)}{2} \right) < 0$$

$$\limsup_{x \to l} \left(\frac{\mu(x)}{\sigma(x)} - \frac{\sigma'(x)}{2} \right) > 0$$

注 3.2　条件 B1 和条件 B2 分别与第二章的条件 A1 和条件 A2 一样，用来保证过程 $\{\tilde{X}_{i\Delta}, i = 1, 2, \cdots\}$ 的平稳性，详细介绍可参考第二章.

条件 B3 （1）$\mu(x)$ 和 $\sigma(x)$ 具有四阶连续导数，且对某个 $\lambda>0$ 满足

$$|\mu(x)| \leqslant C(1+|x|)^\lambda$$

$$|\sigma(x)| \leqslant C(1+|x|)^\lambda$$

（2）$E[X_0^r]<\infty$，其中 $r = \max\{4\lambda,\ 1+3\lambda,\ -1+5\lambda,\ -2+6\lambda\}$.

注 3.3 条件 B3 与第二章的条件 A6 一样，主要用来建立引理 2.1.

核函数 $K(\cdot)$ 和带宽 h 满足如下条件 B4~B6.

条件 B4 核函数 $K(\cdot)$ 是连续、可微、对称的密度函数，并且具有 $(-1,1)$ 上的紧支撑. 其导数 K' 是绝对可积的且满足

$$K_2 = \int_{-1}^1 K^2(u)\mathrm{d}u < \infty,\ \int_{-1}^1 |K'(u)|^2\mathrm{d}u < \infty$$

条件 B5 当 $n\to\infty$ 时，$h\to 0$，$\Delta\to 0$，且

$$\frac{n\Delta}{h}\sqrt{\Delta\log\frac{1}{\Delta}} \to 0$$

条件 B6 $\lim_{h\to 0}\frac{1}{h^m}E(|mK^{m-1}(\xi_{ni})K'(\xi_{ni})|^\alpha) < \infty$，其中，$\alpha=2$ 或 $\alpha=4$，m 为正整数，并且

$$\xi_{ni} = \theta((x-X_{i\Delta})/h) + (1-\theta)((x-\tilde{X}_{i\Delta})/h),\ 0\leqslant\theta\leqslant 1$$

3.3 经验似然基础上的估计量

本节来建立二阶扩散过程的漂移系数 $\mu(x)$ 和扩散系数 $\sigma^2(x)$ 的经验似然估计量，并在相对温和的条件下给出其满足相合性和渐近正态性的条件. 由第二节知识知，对于给定的 $\mu(x)$，Lagrange 乘子 $\lambda(\mu)$ 是最小化 $\tilde{R}_\mu(x,\mu(x))$ 得到的，即

$$\lambda(\mu) = \arg\min_\lambda \tilde{R}_\mu(x,\mu(x))$$

这个最小化问题是有约束的最大化问题的对偶问题，因此，漂移系数 $\mu(x)$

的经验似然估计量满足

$$\hat{\mu}(x) = \arg \max_{\mu} \min_{\lambda} \{ \log \tilde{R}_{\mu}(x, \mu(x)) \} \tag{3-3-1}$$

同样地，扩散系数 $\sigma^2(x)$ 的经验似然估计量满足

$$\hat{\sigma}^2(x) = \arg \max_{\sigma^2} \min_{\lambda} \{ \log \tilde{R}_{\sigma}(x, \sigma^2(x)) \} \tag{3-3-2}$$

在本章中，令

$$\tilde{l}_{\mu}(x, \mu(x))$$

$$= -2 \log \tilde{R}_{\mu}(x, \mu(x)) = 2 \sum_{i=1}^{n} \log [1 + \lambda \tilde{g}_{\mu i}(x, \mu(x))] \tag{3-3-3}$$

$$\tilde{l}_{\sigma}(x, \sigma^2(x))$$

$$= -2 \log \tilde{R}_{\sigma}(x, \sigma^2(x)) = 2 \sum_{i=1}^{n} \log [1 + \lambda \tilde{g}_{\sigma i}(x, \sigma^2(x))] \tag{3-3-4}$$

满足式（3-3-1）和式（3-3-2）的经验似然估计量具有如下的相合性和渐近正态性.

定理 3.1　设条件 B1~B5 成立，并且条件 B6($\alpha = 2$) 也成立，则对任一 $x \in D = (l, r)$，有：

（1）设 $\mu_0(x)$ 表示漂移函数的真值，若 $nh\Delta \to \infty$，则当 $n \to \infty$ 时，$\tilde{l}_{\mu}(x, \mu(x))$ 可以在区间 $|\mu(x) - \mu_0(x)| \leqslant n^{-1/3}$ 内的某个 $\hat{\mu}(x)$ 处以概率 1 取到最小值，并且 $\hat{\mu}(x)$ 和 $\hat{\lambda} = \hat{\lambda}(\hat{\mu}(x))$ 满足下式

$$Q_{1n}(\hat{\mu}, \hat{\lambda}) = 0, \quad Q_{2n}(\hat{\mu}, \hat{\lambda}) = 0$$

其中

$$Q_{1n}(\mu, \lambda) = \frac{1}{n} \sum_{i=1}^{n} \frac{\tilde{g}_{\mu i}(x, \mu(x))}{1 + \lambda \tilde{g}_{\mu i}(x, \mu(x))} \tag{3-3-5}$$

$$Q_{2n}(\mu,\ \lambda) = \frac{1}{n}\sum_{i=1}^{n}\frac{\lambda\tilde{W}_i(x)}{1 + \lambda\tilde{g}_{\mu i}(x,\ \mu(x))} \tag{3-3-6}$$

（2）进一步，若 $n\Delta h^5\to 0$，则

$$\sqrt{nh\Delta}(\hat{\mu}(x) - \mu_0(x)) \xrightarrow{D} N\left(0,\ \frac{K_2\sigma_0^2(x)}{p(x)}\right)$$

定理 3.2 设条件 B1~B5 成立，并且条件 B6($\alpha=4$) 也成立，则对任一 $x\in D=(l,\ r)$，有：

（1）设 $\sigma_0(x)$ 表示扩散函数的真值，若 $nh\to\infty$，则当 $n\to\infty$ 时，$\tilde{l}_\sigma(x,\ \sigma^2(x))$ 可以在区间 $|\sigma^2(x)-\sigma_0^2(x)|\leqslant n^{-1/3}$ 内的某个 $\hat{\sigma}^2(x)$ 处以概率 1 取到最小值，并且 $\hat{\sigma}^2(x)$ 和 $\hat{\lambda}=\hat{\lambda}(\hat{\sigma}^2(x))$ 满足下式

$$Q_{1n}(\hat{\sigma}^2,\ \hat{\lambda}) = 0,\ Q_{2n}(\hat{\sigma}^2,\ \hat{\lambda}) = 0$$

其中

$$Q_{1n}(\sigma^2,\ \lambda) = \frac{1}{n}\sum_{i=1}^{n}\frac{\tilde{g}_{\sigma i}(x,\ \sigma^2(x))}{1 + \lambda\tilde{g}_{\sigma i}(x,\ \sigma^2(x))}$$

$$Q_{2n}(\sigma^2,\ \lambda) = \frac{1}{n}\sum_{i=1}^{n}\frac{\lambda\tilde{W}_i(x)}{1 + \lambda\tilde{g}_{\sigma i}(x,\ \sigma^2(x))}$$

（2）进一步，若 $nh^5\to 0$，那么

$$\sqrt{nh}(\hat{\sigma}^2(x) - \sigma_0^2(x)) \xrightarrow{D} N\left(0,\ \frac{2K_2\sigma_0^4(x)}{p(x)}\right)$$

3.4 经验似然基础上的置信区间

本节来建立漂移系数 $\mu(x)$ 和扩散系数 $\sigma^2(x)$ 的经验似然基础上的非对称的置信区间.

定理 3.3 设条件 B1~B5 以及条件 B6($\alpha=2$) 成立，并且当 $n\to\infty$ 时，$nh\Delta\to\infty$，$n\Delta h^5\to 0$，则当 $n\to\infty$ 时，有

$$\tilde{l}_\mu(x, \mu_0(x)) \xrightarrow{D} \chi^2(1)$$

和

$$\tilde{l}_\mu\left(x, \mu_0(x) + \frac{\tau(x)}{\sqrt{nh\Delta p(x)}}\right) \xrightarrow{D} \chi^2\left(1, \frac{\tau^2(x)}{K_2\sigma_0^2(x)}\right)$$

其中，$\tau(x)$ 是固定函数，$\chi^2(m_1, m_2)$ 是自由度为 m_1，非中心参数为 m_2 的卡方分布. 由此，得漂移系数 $\mu(x)$ 的 $100(1-\alpha)\%$ 的经验似然置信区间为

$$I_\mu = \{\theta: \tilde{l}_\mu(x, \theta) \leqslant \chi_{1-\alpha}^2(1)\}$$

其中，$\chi_{1-\alpha}^2(1)$ 是 $\chi^2(1)$ 分布在 $1-\alpha$ 处的逆累积分布函数.

定理 3.4　设条件 B1~B5 以及条件 B6($\alpha=4$) 成立，并且当 $n\to\infty$ 时，$nh\to\infty$，$nh^5\to0$，则当 $n\to\infty$ 时，有

$$\tilde{l}_\sigma(x, \sigma_0^2(x)) \xrightarrow{D} \chi^2(1)$$

和

$$\tilde{l}_\sigma\left(x, \sigma_0^2(x) + \frac{\tau(x)}{\sqrt{hnp(x)}}\right) \xrightarrow{D} \chi^2\left(1, \frac{\tau^2(x)}{2K_2\sigma_0^4(x)}\right)$$

其中，$\tau(x)$ 是固定函数，$\chi^2(m_1, m_2)$ 是自由度为 m_1，非中心参数为 m_2 的卡方分布. 那么，扩散系数 $\sigma^2(x)$ 的 $100(1-\alpha)\%$ 的经验似然置信区间为

$$I_\sigma = \{\theta > 0: \tilde{l}_\sigma(x, \theta) \leqslant \chi_{1-\alpha}^2(1)\}$$

其中，$\chi_{1-\alpha}^2(1)$ 是 $\chi^2(1)$ 分布在 $1-\alpha$ 处的逆累积分布函数.

3.5　主要结果的证明

引理 3.1　令

$$\varepsilon_{1n} = \frac{1}{n}\sum_{i=1}^{n}(K_h(x - \tilde{X}_{i\Delta}))^m g(\tilde{X}_{i\Delta}, \tilde{X}_{(i+1)\Delta})$$

$$\varepsilon_{2n} = \frac{1}{n} \sum_{i=1}^{n} (K_h(x - X_{i\Delta}))^m g(\tilde{X}_{i\Delta}, \tilde{X}_{(i+1)\Delta})$$

其中，g 是定义在 R×R 上的可测函数，m 为正整数. 若条件 B1 和 B3 成立，$\sqrt{\Delta}/h \to 0$，并且以下两条件其中之一成立:

(1) 条件 B6($\alpha = 4$) 以及 $E[(g(\tilde{X}_{i\Delta}, \tilde{X}_{(i+1)\Delta}))^2] < \infty$；

(2) 条件 B6($\alpha = 2$) 以及 $h^{-1}E[((\tilde{X}_{i\Delta} - X_{i\Delta})g(\tilde{X}_{i\Delta}, \tilde{X}_{(i+1)\Delta}))^2] < \infty$. 则有

$$| \varepsilon_{1n} - \varepsilon_{2n} | \xrightarrow{P} 0$$

引理 3.1 的证明

在条件（1）下，该引理与引理 2.2 一样. 在条件（2）下，利用和条件 (1) 同样的方法以及 Cauchy-Schwarz 不等式即可得证.

引理 3.2 设 $\sigma_0(x)$ 为扩散系数的真值，记

$$\tilde{A}_\mu(x, \theta) = \Big(\sum_{i=1}^{n} \tilde{W}_i(x) \Big)^{-2} \sum_{i=1}^{n} \tilde{g}_{\mu i}^2(x, \theta)$$

$$\tilde{A}_\sigma(x, \theta) = \Big(\sum_{i=1}^{n} \tilde{W}_i(x) \Big)^{-2} \sum_{i=1}^{n} \tilde{g}_{\sigma i}^2(x, \theta)$$

在条件 B1~B6 下，对 $\forall \theta$，有

$$h\Delta np(x)\tilde{A}_\mu(x, \theta) \xrightarrow{P} K_2\sigma_0^2(x) \tag{3-5-1}$$

$$hnp(x)\tilde{A}_\sigma(x, \theta) \xrightarrow{P} 2K_2\sigma_0^4(x) \tag{3-5-2}$$

引理 3.2 的证明

先证式（3-5-1），令

$$g_{\mu i}(x, \theta) = W_i(x)\Big(\frac{X_{i\Delta} - X_{(i-1)\Delta}}{\Delta} - \theta\Big)$$

其中

$$W_i(x) = K_h(X_{(i-1)\Delta} - x)[S_{n, 2} - (X_{(i-1)\Delta} - x)S_{n, 1}]$$

$$S_{n,j} = \sum_{i=1}^{n} (X_{(i-1)\Delta} - x)^j K_h(X_{(i-1)\Delta} - x), \quad j = 1, 2$$

由 Xu（2009）知，对 $\forall \theta$ 有

$$h\Delta n p(x) A_\mu(x, \theta) \xrightarrow{P} K_2 \sigma_0^2(x)$$

其中

$$A_\mu(x, \theta) = \Big(\sum_{i=1}^{n} W_i(x) \Big)^{-2} \sum_{i=1}^{n} g_{\mu i}^2(x, \theta)$$

因此要证式（3-5-1），只须证明

$$n h \Delta (\tilde{A}_\mu(x, \theta) - A_\mu(x, \theta)) \xrightarrow{P} 0$$

事实上

$$\tilde{A}_\mu(x, \theta) - A_\mu(x, \theta)$$

$$= \Big(\sum_{i=1}^{n} \tilde{W}_i(x) \Big)^{-2} \sum_{i=1}^{n} \tilde{g}_{\mu i}^2(x, \theta) - \Big(\sum_{i=1}^{n} W_i(x) \Big)^{-2} \sum_{i=1}^{n} g_{\mu i}^2(x, \theta)$$

$$= \frac{\sum_{i=1}^{n} \tilde{W}_i^2(x) \Big(\dfrac{\tilde{X}_{(i+1)\Delta} - \tilde{X}_{i\Delta}}{\Delta} - \theta \Big)^2}{\Big(\sum_{i=1}^{n} \tilde{W}_i(x) \Big)^2} - \frac{\sum_{i=1}^{n} W_i^2(x) \Big(\dfrac{X_{i\Delta} - X_{(i-1)\Delta}}{\Delta} - \theta \Big)^2}{\Big(\sum_{i=1}^{n} W_i(x) \Big)^2}$$

$$= A_1 + A_2 + A_3$$

其中

$$A_1 = \frac{\sum_{i=1}^{n} \tilde{W}_i^2(x) \Big(\dfrac{\tilde{X}_{(i+1)\Delta} - \tilde{X}_{i\Delta}}{\Delta} \Big)^2}{\Big(\sum_{i=1}^{n} \tilde{W}_i(x) \Big)^2} - \frac{\sum_{i=1}^{n} W_i^2(x) \Big(\dfrac{X_{i\Delta} - X_{(i-1)\Delta}}{\Delta} \Big)^2}{\Big(\sum_{i=1}^{n} W_i(x) \Big)^2}$$

$$A_2 = -2\theta \frac{\sum_{i=1}^{n} \tilde{W}_i^2(x) \dfrac{\tilde{X}_{(i+1)\Delta} - \tilde{X}_{i\Delta}}{\Delta}}{\Big(\sum_{i=1}^{n} \tilde{W}_i(x) \Big)^2} + 2\theta \frac{\sum_{i=1}^{n} W_i^2(x) \dfrac{X_{i\Delta} - X_{(i-1)\Delta}}{\Delta}}{\Big(\sum_{i=1}^{n} W_i(x) \Big)^2}$$

$$A_3 = \frac{\theta^2 \sum_{i=1}^{n} \tilde{W}_i^2(x)}{\left(\sum_{i=1}^{n} \tilde{W}_i(x)\right)^2} - \frac{\theta^2 \sum_{i=1}^{n} W_i^2(x)}{\left(\sum_{i=1}^{n} W_i(x)\right)^2}$$

首先，来证明 $nh\Delta A_1 \xrightarrow{P} 0$. 令

$$A_{11} = \frac{\frac{1}{h^2}\tilde{S}_{n,2}^2 \sum_{i=1}^{n} K^2\left(\frac{\tilde{X}_{(i-1)\Delta} - x}{h}\right)\left(\frac{\tilde{X}_{(i+1)\Delta} - \tilde{X}_{i\Delta}}{\Delta}\right)^2}{\left(\sum_{i=1}^{n} \tilde{W}_i(x)\right)^2} - $$

$$\frac{\frac{1}{h^2}S_{n,2}^2 \sum_{i=1}^{n} K^2\left(\frac{X_{(i-1)\Delta} - x}{h}\right)\left(\frac{X_{i\Delta} - X_{(i-1)\Delta}}{\Delta}\right)^2}{\left(\sum_{i=1}^{n} W_i(x)\right)^2}$$

$$A_{12} = -2\frac{\frac{1}{h}\tilde{S}_{n,2}\tilde{S}_{n,1} \sum_{i=1}^{n} \frac{\tilde{X}_{i\Delta} - x}{h}K^2\left(\frac{\tilde{X}_{(i-1)\Delta} - x}{h}\right)\left(\frac{\tilde{X}_{(i+1)\Delta} - \tilde{X}_{i\Delta}}{\Delta}\right)^2}{\left(\sum_{i=1}^{n} \tilde{W}_i(x)\right)^2} + $$

$$2\frac{\frac{1}{h}S_{n,2}S_{n,1} \sum_{i=1}^{n} \frac{X_{(i-1)\Delta} - x}{h}K^2\left(\frac{X_{(i-1)\Delta} - x}{h}\right)\left(\frac{X_{i\Delta} - X_{(i-1)\Delta}}{\Delta}\right)^2}{\left(\sum_{i=1}^{n} W_i(x)\right)^2}$$

$$A_{13} = \frac{\tilde{S}_{n,1}^2 \sum_{i=1}^{n} \left(\frac{\tilde{X}_{i\Delta} - x}{h}\right)^2 K^2\left(\frac{\tilde{X}_{(i-1)\Delta} - x}{h}\right)\left(\frac{\tilde{X}_{(i+1)\Delta} - \tilde{X}_{i\Delta}}{\Delta}\right)^2}{\left(\sum_{i=1}^{n} \tilde{W}_i(x)\right)^2} - $$

$$\frac{S_{n,1}^2 \sum_{i=1}^{n} \left(\frac{X_{(i-1)\Delta} - x}{h}\right)^2 K^2\left(\frac{X_{(i-1)\Delta} - x}{h}\right)\left(\frac{X_{i\Delta} - X_{(i-1)\Delta}}{\Delta}\right)^2}{\left(\sum_{i=1}^{n} W_i(x)\right)^2}$$

则有 $A_1 = A_{11} + A_{12} + A_{13}$. 因此，只需要证明

$$nh\Delta A_{1i} \xrightarrow{\text{P}} 0, \ i = 1, \ 2, \ 3$$

考虑到当 $i = 1$，2，3 时，它们的证明类似，下面只证明 $nh\Delta A_{11} \xrightarrow{\text{P}} 0$. 由 Wang 和 Lin（2010）知

$$\frac{1}{n^2 h^2} \sum_{i=1}^{n} \tilde{W}_i - \frac{1}{n^2 h^2} \sum_{i=1}^{n} W_i \xrightarrow{\text{P}} 0 \tag{3-5-3}$$

另外，令

$$S_{j1} = \sum_{i=1}^{n} (\tilde{X}_{i\Delta} - x)^j K_h (\tilde{X}_{(i-1)\Delta} - x) - \sum_{i=1}^{n} (\tilde{X}_{i\Delta} - x)^j K_h (X_{(i-1)\Delta} - x)$$

$$S_{j2} = \sum_{i=1}^{n} (\tilde{X}_{i\Delta} - x)^j K_h (X_{(i-1)\Delta} - x) - \sum_{i=1}^{n} (X_{(i-1)\Delta} - x)^j K_h (X_{(i-1)\Delta} - x)$$

则有

$$\tilde{S}_{n, j} - S_{n, j} = S_{j1} + S_{j2}, \ j = 1, \ 2$$

由引理 3.1，知

$$\frac{1}{nh^j} S_{j1} \xrightarrow{\text{P}} 0$$

由 Wang 和 Lin（2010），知

$$\frac{1}{nh^j} S_{j2} \xrightarrow{\text{P}} 0$$

因此有

$$\frac{1}{nh^j} (\tilde{S}_{n, j} - S_{n, j}) \xrightarrow{\text{P}} 0, \ j = 1, \ 2$$

接下来证明

$$\frac{1}{nh^2} \sum_{i=1}^{n} K^2 \left(\frac{\tilde{X}_{(i-1)\Delta} - x}{h} \right) \left(\frac{\tilde{X}_{(i+1)\Delta} - \tilde{X}_{i\Delta}}{\Delta} \right)^2 -$$

$$\frac{1}{nh^2}\sum_{i=1}^{n}K^2\left(\frac{X_{(i-1)\Delta}-x}{h}\right)\left(\frac{X_{i\Delta}-X_{(i-1)\Delta}}{\Delta}\right)^2\xrightarrow{P}0$$

而要证明上式，只需要证明

$$\frac{1}{nh^2}\sum_{i=1}^{n}\left[K^2\left(\frac{\tilde{X}_{(i-1)\Delta}-x}{h}\right)-K^2\left(\frac{X_{(i-1)\Delta}-x}{h}\right)\right]\left(\frac{\tilde{X}_{(i+1)\Delta}-\tilde{X}_{i\Delta}}{\Delta}\right)^2\xrightarrow{P}0$$

$$(3\text{-}5\text{-}4)$$

$$\frac{1}{nh^2}\sum_{i=1}^{n}K^2\left(\frac{X_{(i-1)\Delta}-x}{h}\right)\left[\left(\frac{\tilde{X}_{(i+1)\Delta}-\tilde{X}_{i\Delta}}{\Delta}\right)^2-\left(\frac{X_{i\Delta}-X_{(i-1)\Delta}}{\Delta}\right)^2\right]\xrightarrow{P}0$$

$$(3\text{-}5\text{-}5)$$

其中式（3-5-4）由引理 3.1 可得，利用引理 3.1，和第二章定理 2.1 中式（2-4-17）的证明类似，可得式（3-5-5）成立.

综上有

$$nh\Delta A_{11}\xrightarrow{P}0$$

同样地，可证

$$nh\Delta A_{12}\xrightarrow{P}0$$

和

$$nh\Delta A_{13}\xrightarrow{P}0$$

因此

$$nh\Delta A_{1}\xrightarrow{P}0$$

同理可证

$$nh\Delta A_{i}\xrightarrow{P}0,\quad i=2,3$$

所以有

$$nh\Delta(\tilde{A}_\mu(x, \theta) - A_\mu(x, \theta)) \xrightarrow{P} 0$$

即式（3-5-1）得证，式（3-5-2）和式（3-5-1）的证明类似，此处略. 证毕.

引理 3.3 设 $\mu_0(x)$ 为漂移系数的真值，条件 B1～B5 以及条件 B6($\alpha = 2$)

成立，则对 $\theta = \mu_0(x) + \dfrac{\tau(x)}{\sqrt{hn\Delta p(x)}}$（$\tau(x)$ 固定），有

$$\sup_{1 \leqslant i \leqslant n} | \tilde{g}_{\mu i}(x, \theta) | = O_p\left(\frac{nhp(x)}{\Delta} \sqrt{\Delta \log \frac{1}{\Delta}}\right) \tag{3-5-6}$$

$$| \lambda | = | \lambda(x, \theta) | = O_p\left(\frac{\sqrt{\Delta}}{(nhp(x))^{1.5}}\right) = o_p(1) \tag{3-5-7}$$

$$\lambda = \lambda(x, \theta) = \left(\sum_{i=1}^n \tilde{g}_{\mu i}^2(x, \theta)\right)^{-1}\left(\sum_{i=1}^n \tilde{g}_{\mu i}(x, \theta)\right) + o_p(1) \tag{3-5-8}$$

引理 3.3 的证明

首先来证明式（3-5-6）. 从引理 3.2 的证明中可知

$$\frac{1}{nh^j}(\tilde{S}_{n, j} - S_{n, j}) \xrightarrow{P} 0, \quad j = 1, 2$$

并且由 Xu（2009）有

$$S_{n, j} = O_p(nh^2 p(x)), \quad j = 1, 2$$

所以有

$$\tilde{S}_{n, j} = O_p(nh^2 p(x)), \quad j = 1, 2$$

由此可得

$$\sup_{1 \leqslant i \leqslant n} | \tilde{g}_{\mu i}(x, \theta) |$$

$$= \sup_{1 \leqslant i \leqslant n} | \tilde{W}_i(x) | \sup_{1 \leqslant i \leqslant n} \left| \frac{\tilde{X}_{(i+1)\Delta} - \tilde{X}_{i\Delta}}{\Delta} - \theta \right|$$

$$\leq \left(\left| \tilde{S}_{n,2} \sup_{1 \leq i \leq n} K_h(\tilde{X}_{(i-1)\Delta} - x) \right| + \left| \tilde{S}_{n,1} \sup_{1 \leq i \leq n} (\tilde{X}_{i\Delta} - x) K_h(\tilde{X}_{(i-1)\Delta} - x) \right| \right)$$

$$\sup_{1 \leq i \leq n} \left| \frac{\tilde{X}_{(i+1)\Delta} - \tilde{X}_{i\Delta}}{\Delta} - \theta \right|$$

$$= (O_p(nhp(x)) + O_p(nh^2 p(x))) \cdot \sup_{1 \leq i \leq n} \left| \frac{\tilde{X}_{(i+1)\Delta} - \tilde{X}_{i\Delta}}{\Delta} - \theta \right|$$

现令

$$\kappa_{n,T} = \sup_{1 \leq i \leq n} |\tilde{X}_{(i+1)\Delta} - \tilde{X}_{i\Delta}|$$

则由扩散过程的 Lévy 连续模定理（具体可参考 Karatzas 和 Shreve, 1991），有

$$\kappa_{n,T} = \sup_{1 \leq i \leq n} |\tilde{X}_{(i+1)\Delta} - \tilde{X}_{i\Delta}| = O_p\left(\sqrt{\Delta \log \frac{1}{\Delta}} \right)$$

因此有

$$\sup_{1 \leq i \leq n} \left(\frac{\tilde{X}_{(i+1)\Delta} - \tilde{X}_{i\Delta}}{\Delta} - \theta \right) = O_p\left(\frac{1}{\Delta} \sqrt{\Delta \log \frac{1}{\Delta}} \right)$$

$$\sup_{1 \leq i \leq n} |\tilde{g}_{\mu i}(x, \theta)| = O_p\left(\frac{nhp(x)}{\Delta} \sqrt{\Delta \log \frac{1}{\Delta}} \right)$$

其次证明式 (3-5-7). 考虑到 λ 满足

$$\sum_{i=1}^{n} \frac{\tilde{g}_{\mu i}(x, \theta)}{1 + \lambda \tilde{g}_{\mu i}(x, \theta)} = 0$$

即有

$$0 = \left| \sum_{i=1}^{n} \left(\frac{\lambda \tilde{g}_{\mu i}^2(x, \theta)}{1 + \lambda \tilde{g}_{\mu i}(x, \theta)} - \tilde{g}_{\mu i}(x, \theta) \right) \right|$$

$$\geq \sum_{i=1}^{n} \frac{|\lambda| \tilde{g}_{\mu i}^2(x, \theta)}{|1 + \lambda \tilde{g}_{\mu i}(x, \theta)|} - \left| \sum_{i=1}^{n} \tilde{g}_{\mu i}(x, \theta) \right|$$

$$\geq \frac{|\lambda| \tilde{G}_{\mu}^2(x, \theta)}{1 + |\lambda| \sup_{1 \leq i \leq n} |\tilde{g}_{\mu i}(x, \theta)|} - |\tilde{G}_{\mu}(x, \theta)|$$

$$= \frac{|\lambda| (\tilde{G}_{\mu}^2(x, \theta) - C_1 |\tilde{G}_{\mu}(x, \theta)|) - |\tilde{G}_{\mu}(x, \theta)|}{1 + |\lambda| C_1}$$

其中

$$\tilde{G}_{\mu}(x, \theta) = \sum_{i=1}^{n} \tilde{g}_{\mu i}(x, \theta)$$

$$\tilde{G}_{\mu}^2(x, \theta) = \sum_{i=1}^{n} \tilde{g}_{\mu i}^2(x, \theta)$$

$$C_1 = \sup_{1 \leq i \leq n} |\tilde{g}_{\mu i}(x, \theta)|$$

因此可得

$$|\lambda| (\tilde{G}_{\mu}^2(x, \theta) - C_1 |\tilde{G}_{\mu}(x, \theta)|) \leq |\tilde{G}_{\mu}(x, \theta)|$$

即

$$|\lambda| \leq \frac{|\tilde{G}_{\mu}(x, \theta)|}{\tilde{G}_{\mu}^2(x, \theta) - C_1 |\tilde{G}_{\mu}(x, \theta)|} \tag{3-5-9}$$

令

$$\tilde{B}_{\mu}(x, \theta) = \left(\sum_{i=1}^{n} \tilde{W}_i(x) \right)^{-1} \sum_{i=1}^{n} \tilde{g}_{\mu i}(x, \theta)$$

$$B_{\mu}(x, \theta) = \left(\sum_{i=1}^{n} W_i(x) \right)^{-1} \sum_{i=1}^{n} g_{\mu i}(x, \theta)$$

由 Xu（2009）知，对固定的 $\tau(x)$ 有

$$B_\mu\left(x,\ \mu_0(x) + \frac{\tau(x)}{\sqrt{nh\Delta p(x)}}\right) \xrightarrow{\mathrm{D}} N(\tau(x),\ K_2\sigma_0^2(x))$$

和引理 3.2 的证明类似，可得

$$\tilde{B}_\mu(x,\ \theta) - B_\mu(x,\ \theta) \xrightarrow{\mathrm{P}} 0,\ \forall \theta$$

即对任意固定的 $\tau(x)$，有

$$\tilde{B}_\mu\left(x,\ \mu_0(x) + \frac{\tau(x)}{\sqrt{nh\Delta p(x)}}\right) \xrightarrow{\mathrm{D}} N(\tau(x),\ K_2\sigma_0^2(x)) \qquad (3\text{-}5\text{-}10)$$

所以

$$\sqrt{nh\Delta p(x)}\,\tilde{B}_\mu(x,\ \theta) = O_p(1)$$

即

$$\sqrt{nh\Delta p(x)}\,\frac{\tilde{G}_\mu(x,\ \theta)}{\displaystyle\sum_{i=1}^n \tilde{W}_i(x)} = O_p(1)$$

并且由 Xu(2009)，又有

$$\sum_{i=1}^n W_i(x) = O_p((nhp(x))^2)$$

因此由式（3-5-3），知

$$\sum_{i=1}^n \tilde{W}_i(x) = O_p((nhp(x))^2)$$

所以可得

$$|\tilde{G}_\mu(x,\ \theta)| = O_p\left(\frac{(nhp(x))^{1.5}}{\sqrt{\Delta}}\right) \qquad (3\text{-}5\text{-}11)$$

进一步，由式（3-5-6）有

$$C_1 \mid \tilde{G}_\mu(x,\ \theta) \mid = \sup_{1 \le i \le n} \mid \tilde{g}_{\mu i}(x,\ \theta) \mid \mid \tilde{G}_\mu(x,\ \theta) \mid = O_p \left(\frac{(nhp(x))^{2.5}}{\Delta^{1.5}} \sqrt{\Delta \log \frac{1}{\Delta}} \right)$$

$$(3\text{-}5\text{-}12)$$

而由引理 3.2 和 $\sum\limits_{i=1}^n \tilde{W}_i(x) = O_p((nhp(x))^2)$，又有

$$\tilde{G}_\mu^2(x,\ \theta) = O_p \left(\frac{(nhp(x))^3}{\Delta} \right) \tag{3-5-13}$$

综上，由式（3-5-9）和式（3-5-11）~式（3-5-13）可知式（3-5-7）成立.

最后来证明式（3-5-8）. 由 $\dfrac{1}{1+x} = 1 - x + \dfrac{x^2}{1+x}$ 得

$$0 = \frac{1}{n} \sum_{i=1}^n \left(\frac{\tilde{g}_{\mu i}(x,\ \theta)}{1 + \lambda \tilde{g}_{\mu i}(x,\ \theta)} \right)$$

$$= \frac{1}{n} \sum_{i=1}^n \tilde{g}_{\mu i}(x,\ \theta) \left(1 - \lambda \tilde{g}_{\mu i}(x,\ \theta) + \frac{\lambda^2 \tilde{g}_{\mu i}^2(x,\ \theta)}{1 + \lambda \tilde{g}_{\mu i}(x,\ \theta)} \right)$$

$$= \frac{1}{n} \tilde{G}_\mu(x,\ \theta) - \frac{1}{n} \lambda \tilde{G}_\mu^2(x,\ \theta) + \frac{1}{n} \sum_{i=1}^n \frac{\lambda^2 \tilde{g}_{\mu i}^3(x,\ \theta)}{1 + \lambda \tilde{g}_{\mu i}(x,\ \theta)}$$

而由式（3-5-6）和式（3-5-7）又有

$$\frac{\Delta^2}{n} \left| \sum_{i=1}^n \frac{\lambda^2 \tilde{g}_{\mu i}^3(x,\ \theta)}{1 + \lambda \tilde{g}_{\mu i}(x,\ \theta)} \right| \le \lambda^2 \sup_{1 \le i \le n} \mid \tilde{g}_{\mu i}^3(x,\ \theta) \mid \cdot O_p(1) = o_p(1)$$

因此式（3-4-8）成立. 证毕.

定理 3.1 的证明

（1）令 $\mu(x) = \mu_0(x) + un^{-1/3}$，其中，$\mid u \mid = 1$. 首先证明

$$\tilde{l}_\mu(x,\ \mu(x)) = \Big(\sum_{i=1}^n \tilde{g}_{\mu i}^2(x,\ \mu(x)) \Big)^{-1} \Big(\sum_{i=1}^n \tilde{g}_{\mu i}(x,\ \mu(x)) \Big)^2 + o_p(1)$$

$$(3\text{-}5\text{-}14)$$

事实上，由式（3-5-8）可得

$$\tilde{l}_{\mu}(x, \mu(x))$$

$$= -2\log\tilde{R}_{\mu}(x, \mu(x))$$

$$= 2\sum_{i=1}^{n}\log[1 + \lambda\tilde{g}_{\mu i}(x, \mu(x))]$$

$$= 2\lambda\sum_{i=1}^{n}\tilde{g}_{\mu i}(x, \mu(x)) - \lambda^2\sum_{i=1}^{n}\tilde{g}_{\mu i}^2(x, \mu(x)) + \sum_{i=1}^{n}O_p(\lambda^3\tilde{g}_{\mu i}^3(x, \mu(x)))$$

$$= \Big(\sum_{i=1}^{n}\tilde{g}_{\mu i}^2(x, \mu(x))\Big)^{-1}\Big(\sum_{i=1}^{n}\tilde{g}_{\mu i}(x, \mu(x))\Big)^2 + o_p(1) +$$

$$\sum_{i=1}^{n}O_p(\lambda^3\tilde{g}_{\mu i}^3(x, \mu(x)))$$

因此只需证明

$$\sum_{i=1}^{n}O_p(\lambda^3\tilde{g}_{\mu i}^3(x, \mu(x))) = o_p(1)$$

由式（3-5-6），式（3-5-7）以及式（3-5-13），可得

$$\sum_{i=1}^{n}|\lambda^3\tilde{g}_{\mu i}^3(x, \mu(x))|$$

$$\leqslant |\lambda|\sup_{1\leqslant i\leqslant n}|\tilde{g}_{\mu i}(x, \mu(x))|\sum_{i=1}^{n}\lambda^2\tilde{g}_{\mu i}^2(x, \mu(x))$$

$$= O_p\Big(\frac{\sqrt{\Delta}}{(nhp(x))^{1.5}}\Big)O_p\Big(\frac{nhp(x)}{\Delta}\sqrt{\Delta\log\frac{1}{\Delta}}\Big)O_p\Big(\frac{\Delta}{(nhp(x))^3}\Big)O_p\Big(\frac{(nhp(x))^3}{\Delta}\Big)$$

$$= O_p\Big(\frac{1}{(nhp(x)\Delta)^{0.5}}\sqrt{\Delta\log\frac{1}{\Delta}}\Big)$$

$$= o_p(1)$$

因此式（3-5-14）成立. 所以有

$$\tilde{l}_\mu(x,\ \mu(x))$$

$$= \Big[\sum_{i=1}^n \tilde{g}_{\mu i}(x,\ \mu(x))\Big]^2 \Big[\sum_{i=1}^n \tilde{g}_{\mu i}^2(x,\ \mu(x))\Big]^{-1} + o_p(1)$$

$$= \left[\frac{\sqrt{nh\Delta p(x)}\ \sum\limits_{i=1}^n \tilde{g}_{\mu i}(x,\ \mu_0(x))}{\sum\limits_{i=1}^n \tilde{W}_i(x)} + \sqrt{nh\Delta p(x)}\,(\mu_0(x) - \mu(x))\right]^2 \cdot$$

$$\left[\frac{nh\Delta p(x)\ \sum\limits_{i=1}^n \tilde{g}_{\mu i}^2(x,\ \mu_0(x))}{\left(\sum\limits_{i=1}^n \tilde{W}_i(x)\right)^2} + o_p(1)\right]^{-1} + o_p(1)$$

$$= \Big[\sqrt{nh\Delta p(x)}\,\tilde{B}_\mu(x,\ \mu_0(x)) - \sqrt{nh\Delta p(x)}\,un^{-1/3}\Big]^2 \cdot$$

$$\Big[nh\Delta p(x)\tilde{A}_\mu(x,\ \mu_0(x)) + o_p(1)\Big]^{-1} + o_p(1)$$

$$= \Big[\sqrt{nh\Delta p(x)}\,\tilde{B}_\mu(x,\ \mu_0(x)) - \sqrt{nh\Delta p(x)}\,un^{-1/3}\Big]^2 \cdot$$

$$\Big[K_2\sigma_0^2(x) + o_p(1)\Big]^{-1} + o_p(1)$$

$$= \Big[O_p(1) - \sqrt{nh\Delta p(x)}\,un^{-1/3}\Big]^2\Big[K_2\sigma_0^2(x) + o_p(1)\Big]^{-1} + o_p(1)$$

$$\geqslant \frac{h\Delta p(x)}{K_2\sigma_0^2(x)}n^{1/3}$$

同样地，由式（3-5-11）和式（3-5-13）可得

$$\tilde{l}_\mu(x,\ \mu_0(x)) = \Big[\sum_{i=1}^n \tilde{g}_{\mu i}(x,\ \mu_0(x))\Big]^2 \Big[\sum_{i=1}^n \tilde{g}_{\mu i}^2(x,\ \mu_0(x))\Big]^{-1} + o_p(1) = o_p(1)$$

因为当 $\mu(x)$ 落在区间 $|\mu(x) - \mu_0(x)| \leqslant n^{-1/3}$ 内时，$\tilde{l}_\mu(x,\ \mu(x))$ 是 $\mu(x)$ 的连续函数，所以 $\tilde{l}_\mu(x,\mu(x))$ 在该区间内部取到最小值，并且 $\hat{\mu}(x)$ 满足

$$\frac{\mathrm{d}\tilde{l}_\mu(x, \mu(x))}{\mathrm{d}\mu(x)}\bigg|_{\mu(x)=\hat{\mu}(x)} = \sum_{i=1}^n \frac{\lambda \tilde{g}'_{\mu i}(x, \mu(x))}{1 + \lambda \tilde{g}_{\mu i}(x, \mu^2(x))}\bigg|_{\mu(x)=\hat{\mu}(x)} = 0$$

证毕.

（2）将 $Q_{1n}(\mu,\lambda)$ 和 $Q_{2n}(\mu,\lambda)$ 分别关于 $\mu(x)$ 和 λ 求偏导数，并在所求偏导数中令 $\lambda=0$，得

$$\frac{\partial Q_{1n}(\mu,0)}{\partial \mu} = \frac{\partial Q_{1n}(\mu,\lambda)}{\partial \mu}\bigg|_{\lambda=0} = \frac{1}{n}\sum_{i=1}^n \tilde{W}_i(x)$$

$$\frac{\partial Q_{1n}(\mu,0)}{\partial \lambda} = \frac{\partial Q_{1n}(\mu,\lambda)}{\partial \lambda}\bigg|_{\lambda=0} = -\frac{1}{n}\sum_{i=1}^n \tilde{g}_{\mu i}^2(x,\mu(x))$$

$$\frac{\partial Q_{2n}(\mu,0)}{\partial \mu} = \frac{\partial Q_{2n}(\mu,\lambda)}{\partial \mu}\bigg|_{\lambda=0} = 0$$

$$\frac{\partial Q_{2n}(\mu,0)}{\partial \lambda} = \frac{\partial Q_{2n}(\mu,\lambda)}{\partial \lambda}\bigg|_{\lambda=0} = \frac{1}{n}\sum_{i=1}^n \tilde{W}_i(x)$$

分别将 $Q_{1n}(\hat{\mu},\hat{\lambda})$ 和 $Q_{2n}(\hat{\mu},\hat{\lambda})$ 在点 $(\mu_0, 0)$ 处展开，得

$$0 = Q_{1n}(\hat{\mu},\hat{\lambda})$$

$$= Q_{1n}(\mu_0,0) + \frac{\partial Q_{1n}(\mu_0,0)}{\partial \mu}(\hat{\mu}(x) - \mu_0(x)) +$$

$$\frac{\partial Q_{1n}(\mu_0,0)}{\partial \lambda}(\hat{\lambda} - 0) + o_p(\delta_n) \tag{3-5-15}$$

$$0 = Q_{2n}(\hat{\mu},\hat{\lambda})$$

$$= Q_{2n}(\mu_0,0) + \frac{\partial Q_{2n}(\mu_0,0)}{\partial \mu}(\hat{\mu}(x) - \mu_0(x)) +$$

$$\frac{\partial Q_{2n}(\mu_0,0)}{\partial \lambda}(\hat{\lambda} - 0) + o_p(\delta_n) \tag{3-5-16}$$

其中

$$\delta_n = | \hat{\mu}(x) - \mu_0(x) | + | \hat{\lambda} |$$

而由

$$Q_{1n}(\mu_0, \ 0) = \frac{1}{n} \sum_{i=1}^{n} \tilde{g}_{\mu i}(x, \ \mu_0(x))$$

和式（3-5-11）有

$$\delta_n = O_p((n/\Delta)^{0.5}(hp(x))^{1.5})$$

由式（3-3-6）有 $Q_{2n}(\mu_0, \ 0) = 0$，因此式（3-5-16）可变形为

$$\frac{\partial Q_{2n}(\mu_0, 0)}{\partial \lambda} \hat{\lambda} + o_p(\delta_n) = 0 \qquad\qquad (3\text{-}5\text{-}17)$$

用（$\partial Q_{2n}(\mu_0, 0)/\partial \lambda$）（$\partial Q_{1n}(\mu_0, 0)/\partial \lambda$）$^{-1}$ 乘以等式（3-5-15）的两边，由式（3-5-17）可得

$$0 = \left(\frac{\partial Q_{2n}(\mu_0, 0)}{\partial \lambda}\right) \left(\frac{\partial Q_{1n}(\mu_0, 0)}{\partial \lambda}\right)^{-1} \left[Q_{1n}(\mu_0, 0) + \left(\frac{\partial Q_{1n}(\mu_0, 0)}{\partial \mu}\right)(\hat{\mu}(x) - \mu_0(x)) + \right.$$

$$\left. \left(\frac{\partial Q_{1n}(\mu_0, 0)}{\partial \lambda}\right) \hat{\lambda} + o_p(\delta_n) \right]$$

$$= \left(\frac{\partial Q_{2n}(\mu_0, 0)}{\partial \lambda}\right) \left(\frac{\partial Q_{1n}(\mu_0, 0)}{\partial \lambda}\right)^{-1} \left[Q_{1n}(\mu_0, 0) + \left(\frac{\partial Q_{1n}(\mu_0, 0)}{\partial \mu}\right) \right.$$

$$\left. (\hat{\mu}(x) - \mu_0(x)) + o_p(\delta_n) \right]$$

因此有

$$\sqrt{nh\Delta}(\hat{\mu}(x) - \mu_0(x))$$

$$= - \sqrt{nh\Delta} \left(\frac{\partial Q_{1n}(\mu_0, 0)}{\partial \mu}\right)^{-1} Q_{1n}(\mu_0, 0) + o_p(1)$$

$$= -\sqrt{nh\Delta}\left(\frac{1}{n}\sum_{i=1}^{n}\tilde{W}_i(x)\right)^{-1}\frac{1}{n}\sum_{i=1}^{n}\tilde{g}_{\mu i}(x,\mu_0(x)) + o_p(1)$$

$$= -\sqrt{nh\Delta}\,\tilde{B}_\mu(x,\mu_0(x)) + o_p(1)$$

$$\xrightarrow{D} N\left(0,\frac{K_2\sigma_0^2(x)}{p(x)}\right)$$

证毕.

定理 3.2 的证明

与定理 3.1 的证明类似, 此处略.

定理 3.3 的证明

与式 (3-5-14) 的证明类似, 可得

$$\tilde{l}_\mu(x,\theta) = \left(\sum_{i=1}^{n}\tilde{g}_{\mu i}^2(x,\theta)\right)^{-1}\left(\sum_{i=1}^{n}\tilde{g}_{\mu i}(x,\theta)\right)^2 + o_p(1)$$

对 $\theta = \mu(x) + \dfrac{\tau(x)}{\sqrt{hn\Delta p(x)}}$ ($\tau(x)$ 为任一固定的函数) 成立. 因此可得

$$\tilde{l}_\mu(x,\theta) = \left(\sum_{i=1}^{n}\tilde{g}_{\mu i}^2(x,\theta)\right)^{-1}\left(\sum_{i=1}^{n}\tilde{g}_{\mu i}(x,\theta)\right)^2 + o_p(1)$$

$$= \tilde{A}_\mu^{-1}(x,\theta)\tilde{B}_\mu^2(x,\theta) + o_p(1)$$

$$= \left[nh\Delta p(x)\tilde{A}_\mu(x,\theta)\right]^{-1}\left[\sqrt{nh\Delta p(x)}\,\tilde{B}_\mu(x,\theta)\right]^2$$

所以由引理 3.2 和式 (3-5-10) 即可知定理成立. 证毕.

定理 3.4 的证明

由引理 3.2, 利用与定理 3.3 相同的方法可证, 此处略.

4 二阶扩散过程的基于经验似然的拟合优度检验

<<<<<<<<<<<<<<<<<<<<<<<<<<<<<<<<<<<<<<<<<<<<<<<<<<<<<<<<<<<<<<<

4.1 二阶扩散模型和假设检验

在过去的几十年里，扩散过程不仅在金融经济领域，而且在生物、医学、物理和工程等领域都得到了广泛的应用并发挥了巨大的作用. 由如下随机微分方程确定的伊藤扩散过程

$$\mathrm{d}X_t = \mu(X_t)\,\mathrm{d}t + \sigma(X_t)\,\mathrm{d}B_t \qquad (4\text{-}1\text{-}1)$$

被广泛应用在建模分析资产价格，利息率以及汇率等问题上. 其中，$\{B_t,\ t \geq 0\}$ 是标准布朗运动，$\mu(\cdot)$ 和 $\sigma(\cdot)$ 分别为扩散过程的漂移项和扩散项. 在过去的十年里，关于（4-1-1）的模型识别问题在理论研究和实际应用方面都引起了很多关注. 例如，Aït-Sahalia（1996）通过两种方法考虑了扩散过程的参数识别问题，其中一个建立在核平稳密度的估计量和参数平稳密度的 L_2-距离上，另一个则建立在由 Kolmogorov 向前向后方程得到的关于过程的转移分布的偏差测度上. Chen 等人（2002）利用经验似然技术构造了扩散模型的拟合优度检验程序；Chen 等人（2008）提出了基于过程的转移密度的核估计的参数扩散过程的模型识别检验；Kutoyants（2010）考虑了遍历扩散过程的拟合优度检验问题.

然而，正如本文第二章中所叙述的那样，由式（4-1-1）确定的由布朗运动驱动的扩散过程的样本轨道具有无界变差并且是处处不可导的，因此这类模型不能用于建模可微的随机过程. 但是，可微的随机过程是一类重要的连续过程，且在金融经济、工程建设以及物理等领域都起着非常重要的作用，所以许多研究者开始对可积的扩散过程即二阶扩散过程感兴趣，并进行了一些研究，详细介绍可参考第二章或者 Nicolau（2007）.

尽管二阶扩散模型非常有用，其在模型识别及拟合优度检验方面的研究仍然是近几年的新问题. 拟合优度检验，顾名思义，是检验模型对样本观测值的拟合

程度. 检验的方法是构造一个可以表征拟合程度的指标, 在这里被称为统计量, 统计量是样本的函数. 从检验对象中计算出该统计量的数值, 然后与某一标准进行比较, 得出检验结论. 正是因为它建立了数学模型和实际数据间的联系, 拟合优度检验在理论和应用统计方面都扮演着十分重要的角色, 不仅是统计基础的组成部分, 而且和实际应用有着密切的联系, 因此对拟合优度检验的研究具有悠久的历史. 自从 Karl Pearson 于 1990 年提出 χ^2 检验后, 拟合优度检验引起了广大学者的兴趣, 各种检验方法及相应理论被提出并得到广泛应用. 概括起来, 拟合优度检验大体上可分为 χ^2 型、基于经验分布的经验分布函数 (Empirical Distribution Function, EDF) 型和积分变换型. 其中, χ^2 检验是最有名的参数拟合优度检验, 而最受欢迎的非参数拟合优度检验是 Kolmogorov-Smirnov 检验.

　　本章将在高频采样的基础上建立二阶扩散过程的漂移系数的拟合优度检验. 利用经验似然方法来建立检验程序, 经验似然方法是一种计算机密集型的非参数方法, 与自助法 (bootstrap) 相比, 经验似然方法有类似于自助法的抽样特性, 但是相比之下也有其自身的优越性, 如所构造的置信区间的形状由数据自行决定、域保持性、变换不变性等. 正因为拥有这些优点, 经验似然方法自提出后已被应用到统计的诸多领域. Owen (2001) 给出了该方法的详细的全面的介绍. 经验似然已被证明和参数似然具有某些相同的性质, 例如, Wilks′定理和 Bartlett 的可修正性原则, 详细介绍读者可参考 Hall 和 La Scala (1990), Qin 和 Lawless (1994). 正是因为经验似然方法的诸多优点, 使得其在很多领域都得到了广泛的应用并且被不断改进. 目前改进的经验似然方法包括: 调整 (adjusted) 经验似然、自助 (bootstrap) 经验似然、贝叶斯 (Bayesian) 经验似然、加权 (weighted) 经验似然以及分块 (blocked) 经验似然等. 另外, Jing 等人 (2009) 提出了刀切 (Jackknife) 经验似然, 该方法的优点是克服了由于冗余参数增多而使得计算效率降低的缺点; Kitamura (1997) 考虑了弱相依过程中的参数的分块经验似然; Chen 和 Wong (2009) 研究了弱相依过程中分位数的估计问题, 发展了光滑块经验似然方法; Chan 等人 (2011) 提出了基于特征函数的经验似然方法, 并将其应用到 Lévy 过程的参数估计和检验上.

　　本章将在经验似然比的基础上建立经验似然拟合优度统计量. 之所以使用经验似然技术是因为它具有两个非常吸引人的性质, 一个是该方法本身的学生化能力使得其能够自动考虑非参数拟合的变化, 另一个是由该方法得到的检验统计量的渐近分布与未知参数无关, 这就避免了二次嵌入估计.

　　考虑由如下二阶随机微分方程确定的二阶扩散过程

$$
\begin{cases}
\mathrm{d}Y_t = X_t \mathrm{d}t \\
\mathrm{d}X_t = \mu(X_t)\,\mathrm{d}t + \sigma(X_t)\,\mathrm{d}B_t
\end{cases}
\tag{4-1-2}
$$

其中，$\{B_t,\ t \geq 0\}$ 是标准的布朗运动（或维纳过程）. 函数 $\mu(\cdot)$ 和 $\sigma^2(\cdot)$ 分别为过程 X_t 的漂移项和扩散项.

本章的目的是假设检验漂移系数 $\mu(\cdot)$ 是参数形式还是非参数形式. 即考虑如下的原假设

$$
H_0 : \mu(x) = \mu_\theta(x),\ 对所有\ x \in I \subset \mathbf{R}
$$

和如下的非参数备择假设

$$
H_1 : \mu(x) = \mu_\theta(x) + C_n \Delta_n(x),\ 对某个\ x \in I \subset \mathbf{R}
$$

其中，θ 是取值于参数空间 $\varTheta$ 的未知参数，C_n 是当 $n \to \infty$ 时趋向于 0 的非负序列，$\Delta_n(x)$ 是有界的函数序列. 令 $p(x)$ 为过程 X_t 的密度函数，且 $I = \{x \in \mathbf{R} \mid p(x) \geq \beta\}$（对某个 $\beta > 0$）为紧集. 不失一般性，假设 $I = [0,\ 1]$.

接下来考虑漂移函数 $\mu(\cdot)$ 的非参数核估计量. 正如第二章所分析的那样，模型（4-1-2）中 X 在时间 $t_i = i\Delta$（其中 $\Delta = t_i - t_{i-1}$）处的值是不能通过观察 $Y_{t_i} = Y_0 + \int_0^{t_i} X_u \mathrm{d}u$ 得到的，而我们的估计又不能建立在观察值 $\{Y_{t_i},\ i = 1,\ 2,\ \cdots\}$ 之上. 但考虑到 $Y_t = Y_0 + \int_0^t X_s \mathrm{d}s$，因此有

$$
Y_{i\Delta} - Y_{(i-1)\Delta} = \int_0^{i\Delta} X_u \mathrm{d}u - \int_0^{(i-1)\Delta} X_u \mathrm{d}u = \int_{(i-1)\Delta}^{i\Delta} X_u \mathrm{d}u
$$

即当 $\Delta \to 0$ 时，$X_{i\Delta}$，$X_{(i-1)\Delta}$ 和 $\tilde{X}_{i\Delta}$ 的值会越来越接近. 因此令

$$
\tilde{X}_{i\Delta} = \frac{Y_{i\Delta} - Y_{(i-1)\Delta}}{\Delta}
\tag{4-1-3}
$$

本章的检验可以建立在样本 $\{\tilde{X}_{i\Delta},\ i = 1,\ 2,\ \cdots\}$ 上.

另外，由引理 2.1 知，当 $\Delta \to 0$ 时，二阶随机微分方程（4-1-2）中的漂移系数 $\mu(\cdot)$ 满足

$$E\left(\frac{\tilde{X}_{(i+1)\Delta} - \tilde{X}_{i\Delta}}{\Delta}\bigg|\mathscr{F}_{(i-1)\Delta}\right) = \mu(X_{(i-1)\Delta}) + o(1) \tag{4-1-4}$$

其中，$\mathscr{F}_t = \sigma\{X_s, s \le t\}$. 因此可得漂移系数 $\mu(x)$ 的 Nadaraya-Watson 估计量如下

$$\hat{\mu}(x) = \frac{\sum\limits_{i=1}^{n} K_h(\tilde{X}_{(i-1)\Delta} - x)\dfrac{\tilde{X}_{(i+1)\Delta} - \tilde{X}_{i\Delta}}{\Delta}}{\sum\limits_{i=1}^{n} K_h(\tilde{X}_{(i-1)\Delta} - x)} \tag{4-1-5}$$

其中，$K_h(\cdot) = K(\cdot/h)$，$K(\cdot)$ 为核函数，h 为带宽.

以下，令 $\hat{\theta}$ 为参数 θ 的 $\sqrt{n}$——致估计量，且

$$\tilde{\mu}_{\hat{\theta}}(x) = \frac{\sum\limits_{i=1}^{n} K_h(\tilde{X}_{(i-1)\Delta} - x)\mu_{\hat{\theta}}(\tilde{X}_{(i-1)\Delta})}{\sum\limits_{i=1}^{n} K_h(\tilde{X}_{(i-1)\Delta} - x)} \tag{4-1-6}$$

为平滑的参数模型. 为了避免非参数拟合带来的偏差问题，本章考虑的检验统计量将建立在 $\tilde{\mu}_{\hat{\theta}}(x)$ 和 $\hat{\mu}(x)$ 的差上，而不是直接建立在 $\mu_{\hat{\theta}}(x)$ 和 $\hat{\mu}(x)$ 的差上. 另一方面，考虑到局部线性估计量的良好的偏差性质，$\mu(\cdot)$ 的局部常数（即 Nadaraya-Watson）估计量可以换成局部线性估计量.

4.2 拟合优度统计量和主要结果

4.2.1 基于经验似然的拟合优度统计量

本节介绍上节提出的假设检验问题的经验似然方法. 令

$$\tilde{Q}_i(x) = K\left(\frac{\tilde{X}_{(i-1)\Delta} - x}{h}\right)\left(\frac{\tilde{X}_{(i+1)\Delta} - \tilde{X}_{i\Delta}}{\Delta} - \tilde{\mu}_{\hat{\theta}}(x)\right)$$

并且，对任意 $x \in I$，令 $\omega_i(x)$ 为 $(\tilde{X}_{i\Delta}, \tilde{X}_{(i+1)\Delta})$ 的非负权重，则 $\tilde{\mu}_{\hat{\theta}}(x)$ 的经验似然为

$$L\{\tilde{\mu}_{\hat{\theta}}(x)\} = \max \prod_{i=1}^{n} \omega_i(x)$$

使得

$$\begin{cases} \sum_{i=1}^{n} \omega_i(x) = 1, \ \omega_i(x) \geqslant 0 \\ \sum_{i=1}^{n} \omega_i(x) \tilde{Q}_i(x) = 0 \end{cases}$$

由 Lagrange 乘子法得最优权重为

$$\omega_i(x) = \frac{1}{n[1 + \lambda(x) \tilde{Q}_i(x)]}$$

其中, $\lambda(x)$ 满足

$$\sum_{i=1}^{n} \frac{\tilde{Q}_i(x)}{1 + \lambda(x) \tilde{Q}_i(x)} = 0 \tag{4-2-1}$$

由于相应于 Nadaraya-Watson 估计量 $\hat{\mu}(x)$ 的最大经验似然在 $\omega_i(x) = n^{-1}$ 处达到, 定义对数经验似然比如下

$$l\{\tilde{\mu}_{\hat{\theta}}(x)\} = -2\log[L\{\tilde{\mu}_{\hat{\theta}}(x)\} n^n]$$

为了将经验似然比统计量推广成为拟合优度的一个全局的度量, 在区间 [0, 1] 上选取 k_n 个等距离的格子点 $t_1, t_2, \cdots, t_{k_n}$, 这里 $t_1 = 0$, $t_{k_n} = 1$, 并且 $t_i \leqslant t_j$, $1 \leqslant i < j \leqslant k_n$. 设当 $n \to \infty$ 时, $k_n \to \infty$ 和 $k_n/n \to 0$. 考虑如下的能够全局度量拟合优度的经验似然基础上的统计量

$$l_n(\tilde{\mu}_{\hat{\theta}}) = \sum_{j=1}^{k_n} l\{\tilde{\mu}_{\hat{\theta}}(t_j)\}$$

注 4.1   对于二阶扩散过程中的扩散系数 $\sigma^2(x)$ 的参数识别 $\sigma_\theta^2(x)$ 的问题, 可以类似地得到其经验似然基础上的检验统计量. 设 $\tilde{\sigma}_{\hat{\theta}}^2(x)$ 为 $\sigma_\theta^2(x)$ 的核平滑参数模型, 则 $\tilde{\sigma}_{\hat{\theta}}^2(x)$ 的经验似然为

$$L\{\tilde{\sigma}_{\hat{\theta}}^2(x)\} = \max \prod_{i=1}^{n} \omega_i(x)$$

使得

$$
\begin{cases}
\displaystyle\sum_{i=1}^{n} \omega_i(x) = 1, \ \omega_i(x) \geqslant 0 \\[4mm]
\displaystyle\sum_{i=1}^{n} \omega_i(x) K\!\left(\frac{\tilde{X}_{(i-1)\Delta} - x}{h}\right)\!\left(\frac{\dfrac{3}{2}(\tilde{X}_{i\Delta} - \tilde{X}_{(i-1)\Delta})^2}{\Delta} - \tilde{\sigma}_\theta^2(x)\right) = 0
\end{cases}
$$

4.2.2 模型假设和主要结果

理论结果建立在如下的条件之上.

条件 C1 （Nicolau，2007）

（1）设随机过程 X 的状态空间为 $D = (l, r)$. 令 z_0 为区间 D 内任一点，记尺度密度函数（scale density function）为

$$
s(z) = \exp\left\{ - \int_{z_0}^{z} \frac{2\mu(x)}{\sigma^2(x)} \mathrm{d}x \right\}
$$

另外，对 $x \in D, l < x_1 < x < x_2 < r$，令

$$
S(l, \ x] = \lim_{x_1 \to l} \int_{x_1}^{x} s(u)\, \mathrm{d}u = \infty
$$

$$
S[x, \ r) = \lim_{x_2 \to r} \int_{x}^{x_2} s(u)\, \mathrm{d}u = \infty
$$

（2）$\displaystyle\int_{l}^{r} m(x)\, \mathrm{d}x < \infty$，其中 $m(x) = (\sigma^2(x) s(x))^{-1}$ 是速度密度函数（speed density function）；

（3）$X_0 = x$ 具有分布 P^0，P^0 为遍历过程（条件（1）和（2）保证了 X 的遍历性）X 的不变分布.

条件 C2 （1）设随机过程 X 的状态空间为 $D = (l, r)$. 假设

$$
\lim_{x \to r} \sup\left(\frac{\mu(x)}{\sigma(x)} - \frac{\sigma'(x)}{2}\right) < 0
$$

$$
\lim_{x \to l} \sup\left(\frac{\mu(x)}{\sigma(x)} - \frac{\sigma'(x)}{2}\right) > 0
$$

（2）对某个 $a>0$ 和 $\rho \in (0, 1)$，混合系数 $\alpha(k)$ 满足：$\alpha(k) \leqslant a\rho^k$.

注 4.2 条件 C1 和条件 C2(1) 分别与第二章的条件 A1 和条件 A2 一样，它

说明随机过程 $\{\tilde{X}_{i\Delta}, i = 1, 2, \cdots\}$ 是 α-混合的，并且是一个平稳过程.

条件 C3　核函数 $K(\cdot)$ 是正的、连续、可微、对称的密度函数，具有紧支撑 $[-1, 1]$，并且 $K(\cdot)$ 是 Lipschitz 连续的，即

$$|K(t_1) - K(t_2)| \leq C|t_1 - t_2|$$

条件 C4　(1) 当 $n \to \infty$ 时，$h \to 0$，$nh \to \infty$ 和 $\sqrt{\Delta}/h \to 0$；

(2) 当 $n \to \infty$ 时，$\dfrac{n\Delta}{h}\sqrt{\Delta \log \dfrac{1}{\Delta}} \to 0$ 和 $nh\Delta \to \infty$；

(3) 当 $n \to \infty$ 时，$nh^5\Delta \to 0$ 和 $nh\Delta^3 \to 0$.

条件 C5　(1) $\mu(x)$ 和 $\sigma(x)$ 具有连续的四阶导数并且对某个 $\lambda > 0$ 满足

$$|\mu(x)| \leq C(1 + |x|)^\lambda$$

和

$$|\sigma(x)| \leq C(1 + |x|)^\lambda$$

(2) $E[X_0^r] < \infty$，其中，$r = \max\{4\lambda, 1 + 3\lambda, -1 + 5\lambda, -2 + 6\lambda\}$

注 4.3　本章主要结果的证明需要用到第二章的引理 2.1，而条件 C5 为引理 2.1 的建立提供了所需的条件.

条件 C6　设 $\hat{\theta}$ 为参数模型中的参数 θ 的估计量，并且假设

$$\sup_{x \in [0, 1]} |\mu_{\hat{\theta}}(x) - \mu_\theta(x)| = O_p(n^{-1/2})$$

条件 C7　$\Delta_n(x)$ 关于 x 和 n 是一致有界的，并且原假设 H_0 和备择假设 H_1 之间的差异的阶数 $C_n = n^{-1/2}h^{-1/4}$.

注 4.4　条件 C6 和条件 C7 在非参数拟合优度检验中是很常见的条件.

条件 C8　设 $\tilde{Y}_{i\Delta} = \dfrac{\tilde{X}_{(i+1)\Delta} - \tilde{X}_{i\Delta}}{\Delta}$，$i = 0, 1, \cdots$. 对某个 $a_0 > 0$，假设有

$$E[\exp(a_0|\tilde{Y}_\Delta - \mu(\tilde{X}_\Delta)|)] < \infty$$

并且，给定 $\tilde{Y}$ 的 $\tilde{X}$ 的条件密度和对任意 $k > 1$ 给定 $(\tilde{Y}_\Delta, \tilde{Y}_{k\Delta})$ 的 $(\tilde{X}_\Delta, \tilde{X}_{k\Delta})$ 的联合条件密度都是有界的.

本章中，对任意 $x \in [0, 1]$，令

$$v(x, h) = h\int_0^1 K_h^2(x - y)p(y)\sigma^2(y)\mathrm{d}y$$

$$b(x, h) = h\int_0^1 K_h(x - y)p(y)\mathrm{d}y$$

和

$$V(x, h) = \frac{v(x, h)}{b^2(x, h)}, \quad V(x) = \lim_{n\to\infty} V(x, h)$$

显然，$V(x, h)/(nh\Delta)$ 为 $\hat{\mu}(x)$ 的当 $nh\to\infty$ 时的渐近方差.

本章的主要结果如下：

定理 4.1 假设条件 C1~C8 成立，则

$$k_n^{-1} l_n(\bar{\mu}_{\hat{\theta}}) \xrightarrow{\mathrm{D}} \int_0^1 N^2(s)\mathrm{d}s$$

其中，"$\xrightarrow{\mathrm{D}}$" 表示依分布收敛，N 为 $[0, 1]$ 上的高斯过程，且有均值

$$E[N(s)] = h^{1/4}\Delta_n(s)/\sqrt{V(s)}$$

和协方差

$$\mathrm{Cov}\{N(s), N(t)\} = \sqrt{\frac{p(s)\sigma^2(s)}{p(t)\sigma^2(t)}}\{K^{(2)}(0)\}^{-1}K^{(2)}\left(\frac{s-t}{h}\right)$$

这里，$K^{(2)}$ 为 K 的卷积.

注 4.5 因为核函数 K 具有 $[-1, 1]$ 上的紧支撑，因此若 $|s-t| > 2h$，则有 $K^{(2)}\left(\frac{s-t}{h}\right) = 0$，即 $\mathrm{Cov}\{N(s), N(t)\} = 0$，这表明 $N(s)$ 和 $N(t)$ 相互独立. 而若 $|s-t| \leqslant 2h$，有 $p(s)\sigma^2(s) = p(t)\sigma^2(t) + O(h)$，因此

$$\mathrm{Cov}\{N(s), N(t)\} = \{K^{(2)}(0)\}^{-1}K^{(2)}\left(\frac{s-t}{h}\right) + O(h)$$

这说明协方差函数 $\mathrm{Cov}\{N(s), N(t)\}$ 的主要项完全已知.

推论 4.1　假设条件 C1~C8 成立，则当 $n \to \infty$ 时，有

$$\frac{1}{\sqrt{h}} \left\{ k_n^{-1} l_n(\tilde{\mu}_{\hat{\theta}}) - 1 - h^{1/2} \int_0^1 V^{-1}(s) \Delta_n^2(s) \mathrm{d}s \right\} \xrightarrow{D}$$

$$N(0, 2K^{(4)}(0)\{K^{(2)}(0)\}^{-2})$$

这里，$K^{(2)}$ 为 K 的卷积.

注 4.6　由定理 4.1 知，$k_n^{-1} l_n(\tilde{\mu}_{\hat{\theta}})$ 和 $\int_0^1 N^2(s)\mathrm{d}s$ 具有相同的分布，所以可以通过离散化 $\int_0^1 N^2(s)\mathrm{d}s$ 来推导 $k_n^{-1} l_n(\tilde{\mu}_{\hat{\theta}})$ 的渐近分布. 我们在区间 $[0,1]$ 上选取 k_n 个等距离的格子点 $t_1, t_2, \cdots, t_{k_n}$，这里 $t_1 = 0$，$t_{k_n} = 1$，并且 $t_i \leq t_j$，$1 \leq i < j \leq k_n$. 离散化 $\int_0^1 N^2(s)\mathrm{d}s$ 得

$$\frac{1}{k_n} \sum_{j=1}^{k_n} N^2(t_j)$$

选取 $k_n = [(2h)^{-1}]$ 使得对所有 j，有 $|t_{j+1} - t_j| \geq 2h$，则可得 $\{N(t_j)\}$ 是相互独立的，并且对每个 j，有

$$N(t_j) \sim N\left(\frac{h^{1/4} \Delta_n(t_j)}{\sqrt{V(t_j)}}, 1\right)$$

这表明在原假设 H_0 成立的条件下

$$\sum_{j=1}^{k_n} N^2(t_j) \sim \chi^2(k_n)$$

即，$\sum_{j=1}^{k_n} N^2(t_j)$ 服从自由度为 k_n 的卡方分布. 由此可得显著性水平为 α 的拒绝域为

$$l_n(\tilde{\mu}_{\hat{\theta}}) > \chi_{\alpha}^2(k_n)$$

其中，$\chi_{\alpha}^2(k_n)$ 为 $\chi^2(k_n)$ 的上 α 分位点.

注 4.7　下面建立 $(k_n)^{-1} \sum_{j=1}^{k_n} N^2(t_j)$ 的渐近正态分布，由推论 4.1，当 $n \to \infty$

时，有

$$\frac{1}{\sqrt{h}}\{k_n^{-1}l_n(\tilde{\mu}_{\hat{\theta}}) - 1 - h^{1/2}\int_0^1 V^{-1}(s)\Delta_n^2(s)\mathrm{d}s\} \xrightarrow{D}$$

$$N(0, 2K^{(4)}(0)\{K^{(2)}(0)\}^{-2})$$

由此可得显著性水平为 α 的拒绝域为

$$k_n^{-1}l_n(\tilde{\mu}_{\hat{\theta}}) > 1 + z_\alpha\sqrt{2K^{(4)}(0)}\{K^{(2)}(0)\}^{-1}$$

其中，z_α 为标准正态分布的上 α 分位点.

4.3 实证分析

本节将通过实例分析来验证本章的检验程序. 图 4-1 给出了取自欧洲南极冰芯计划社区成员（EPICA, Community Members, 2006）的冰核数据（EPICA 毛德皇后地 Ice Core 10-51 KYrBP δ^{18}O 数据）的曲线图. 本节考虑积分过程 $Y_t = Y_0 + \int_0^t X_u\mathrm{d}u$ ，其中过程 X_t 由如下的 Ornstein-Uhlenbeck 过程确定

$$\mathrm{d}X_t = -\mu X_t\mathrm{d}t + \sigma\mathrm{d}B_t \tag{4-3-1}$$

由式（4-3-1）定义的过程当 $\mu > 0$ 时是遍历的，并且其平稳分布是期望为 0，方差为 $\sigma^2/(2\mu)$ 的正态分布，该过程常被用来建模冰核数据，详情可参考 Ditlevsen 等人（2002）.

下面将把本章介绍的经验似然检验程序应用到冰核数据上，来检验式（4-3-1）中的参数漂移函数 $\mu(x) = -\mu x$. 利用 Gloter（2006）中提供的方法可以得到 μ 的参数估计是 $\hat{\mu} = 0.0018$. 计算统计量时选取 Gauss 核，即 $K(u) = (\sqrt{2\pi})^{-1}\exp(-u^2/2)$. 为了避免过渡平滑和平滑不足的现象，选取一组带宽 h，其取值范围为 $[0.008, 0.1]$.

分析的结果在图 4-2 中给出. 图 4-2 给出了经验似然拟合优度检验的 P-值相对于带宽 h 的变化曲线图. 从 P-值的取值可以看出，不能拒绝二阶扩散模型的参数形式.

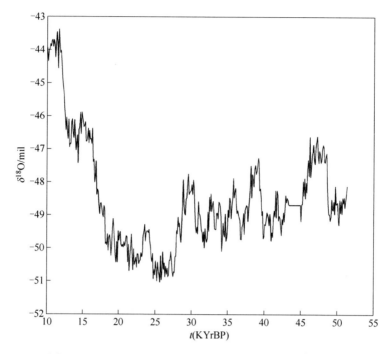

图 4-1 EPICA 毛德皇后地 Ice Core 10-51 KYrBP $\delta^{18}O$ 数据

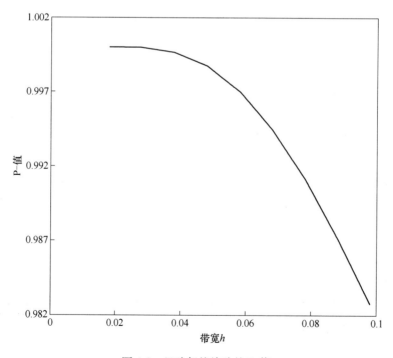

图 4-2 经验似然检验的 P-值

4.4 主要结果的证明

为了证明本章的主要结果，先给出如下的引理，其中引理 4.1 来自文献 Nicolau，2007 的定理 1.

引理 4.1 设

$$\xi_{ni} = \theta((x - X_{(i-1)\Delta})/h) + (1 - \theta)((x - \tilde{X}_{(i-1)\Delta})/h), \ 0 \leqslant \theta \leqslant 1$$

假设条件 C1~C5 成立，并且

$$\lim_{h \to 0} \frac{1}{h} E(\mid K'(\xi_{ni}) \mid^2) < \infty$$

则有

$$\hat{p}(x) = \frac{1}{nh} \sum_{i=1}^{n} K\left(\frac{\tilde{X}_{(i-1)\Delta} - x}{h}\right) \xrightarrow{P} p(x)$$

引理 4.2 设

$$\xi_{ni} = \theta((x - X_{(i-1)\Delta})/h) + (1 - \theta)((x - \tilde{X}_{(i-1)\Delta})/h), \ 0 \leqslant \theta \leqslant 1$$

$$\varepsilon_{1n} = \frac{1}{nh} \sum_{i=1}^{n} K^m\left(\frac{\tilde{X}_{(i-1)\Delta} - x}{h}\right) g(\tilde{X}_{(i-1)\Delta}, \tilde{X}_{i\Delta})$$

$$\varepsilon_{2n} = \frac{1}{nh} \sum_{i=1}^{n} K^m\left(\frac{X_{(i-1)\Delta} - x}{h}\right) g(\tilde{X}_{(i-1)\Delta}, \tilde{X}_{i\Delta})$$

其中，g 是定义在 $\mathbf{R} \times \mathbf{R}$ 上的可测函数，$m=1$，2. 假设条件 C1 和 C3 成立，$\sqrt{\Delta}/h \to 0$，并且下面两个条件其中之一成立

（1）

$$E[(g(\tilde{X}_{(i-1)\Delta}, \tilde{X}_{i\Delta}))^2] < \infty$$

和

$$\lim_{h \to 0} \frac{1}{h} E(\mid mK^{m-1}(\xi_{ni})K'(\xi_{ni}) \mid^4) < \infty$$

（2）

$$h^{-1}E[\mid (\tilde{X}_{(i-1)\Delta} - X_{(i-1)\Delta})g(\tilde{X}_{(i-1)\Delta}, \tilde{X}_{i\Delta}) \mid^2] < \infty$$

和

$$\lim_{h \to 0} \frac{1}{h} E(\mid mK^{m-1}(\xi_{ni})K'(\xi_{ni}) \mid^2) < \infty$$

则有

$$\mid \varepsilon_{1n} - \varepsilon_{2n} \mid \overset{P}{\to} 0$$

引理 4.2 的证明
本引理与第三章中引理 3.1 的证明类似，此处略.

引理 4.3　假设条件 C1~C8 成立，则

$$\sup_{x \in [0, 1]} \mid \lambda(x) \mid = o_p\{(nh)^{-1/2}\log n\}$$

引理 4.3 的证明
由上文已记

$$\tilde{Q}_i(x) = K\left(\frac{\tilde{X}_{(i-1)\Delta} - x}{h}\right)\left(\frac{\tilde{X}_{(i+1)\Delta} - \tilde{X}_{i\Delta}}{\Delta} - \tilde{\mu}_{\hat{\theta}}(x)\right)$$

令

$$\tilde{U}_j(x) = \frac{1}{nh} \sum_{i=1}^n \tilde{Q}_i^j(x)$$

$$= \frac{1}{nh} \sum_{i=1}^n \left[K\left(\frac{\tilde{X}_{(i-1)\Delta} - x}{h}\right)\left(\frac{\tilde{X}_{(i+1)\Delta} - \tilde{X}_{i\Delta}}{\Delta} - \tilde{\mu}_{\hat{\theta}}(x)\right)\right]^j, \ j = 1, 2$$

根据 Owen（1990）论文，要证此引理，需要证明

$$\sup_{x \in [0, 1]} |\tilde{U}_1(x)| = o_p\{(nh)^{-1/2}\log n\} \tag{4-4-1}$$

$$P\{\inf_{x \in [0, 1]} \tilde{U}_2(x) \geqslant c_0\} = 1 \ \text{对某个} \ c_0 > 0 \tag{4-4-2}$$

$$\max_{1 \leqslant i \leqslant n} \sup_{x \in [0, 1]} |\tilde{Q}_i(x)| = o_p\{(nh)^{1/2}\log^{-1}n\} \tag{4-4-3}$$

令

$$\overline{U}_j(x) = \frac{1}{nh} \sum_{i=1}^{n} \left[K\left(\frac{X_{(i-1)\Delta} - x}{h}\right) \left(\frac{X_{i\Delta} - X_{(i-1)\Delta}}{\Delta} - \overline{\mu}_{\hat{\theta}}(x)\right) \right]^j, \ j = 1, \ 2$$

其中

$$\overline{\mu}_{\hat{\theta}}(x) = \frac{\displaystyle\sum_{i=1}^{n} K_h(X_{(i-1)\Delta} - x)\mu_{\hat{\theta}}(X_{(i-1)\Delta})}{\displaystyle\sum_{i=1}^{n} K_h(X_{(i-1)\Delta} - x)}$$

首先证明式 (4-4-1). 由 Chen 等人 (2003), 有

$$\sup_{x \in [0, 1]} |\overline{U}_1(x)| = o_p\{(nh)^{-1/2}\log n\}$$

因此只需要证明

$$\tilde{U}_1(x) - \overline{U}_1(x) \xrightarrow{P} 0 \tag{4-4-4}$$

事实上, 考虑到 $\tilde{\mu}_{\hat{\theta}}(x)$ 和 $\overline{\mu}_{\hat{\theta}}(x)$, 可得

$$\tilde{U}_1(x) - \overline{U}_1(x)$$

$$= \frac{1}{nh} \sum_{i=1}^{n} K\left(\frac{\tilde{X}_{(i-1)\Delta} - x}{h}\right) \left(\frac{\tilde{X}_{(i+1)\Delta} - \tilde{X}_{i\Delta}}{\Delta} - \tilde{\mu}_{\hat{\theta}}(x)\right) -$$

$$\frac{1}{nh} \sum_{i=1}^{n} K\left(\frac{X_{(i-1)\Delta} - x}{h}\right) \left(\frac{X_{i\Delta} - X_{(i-1)\Delta}}{\Delta} - \overline{\mu}_{\hat{\theta}}(x)\right)$$

$$= \frac{1}{nh} \sum_{i=1}^{n} K\left(\frac{\tilde{X}_{(i-1)\Delta} - x}{h}\right) \frac{\tilde{X}_{(i+1)\Delta} - \tilde{X}_{i\Delta}}{\Delta} - \frac{1}{nh} \sum_{i=1}^{n} K\left(\frac{X_{(i-1)\Delta} - x}{h}\right) \frac{X_{i\Delta} - X_{(i-1)\Delta}}{\Delta} +$$

$$\frac{1}{nh} \sum_{i=1}^{n} K\left(\frac{X_{(i-1)\Delta} - x}{h}\right) \bar{\mu}_{\hat{\theta}}(x) - \frac{1}{nh} \sum_{i=1}^{n} K\left(\frac{\tilde{X}_{(i-1)\Delta} - x}{h}\right) \tilde{\mu}_{\hat{\theta}}(x)$$

$$= \frac{1}{nh} \sum_{i=1}^{n} K\left(\frac{\tilde{X}_{(i-1)\Delta} - x}{h}\right) \frac{\tilde{X}_{(i+1)\Delta} - \tilde{X}_{i\Delta}}{\Delta} - \frac{1}{nh} \sum_{i=1}^{n} K\left(\frac{X_{(i-1)\Delta} - x}{h}\right) \frac{X_{i\Delta} - X_{(i-1)\Delta}}{\Delta} +$$

$$\frac{1}{nh} \sum_{i=1}^{n} K\left(\frac{X_{(i-1)\Delta} - x}{h}\right) \mu_{\hat{\theta}}(X_{(i-1)\Delta}) - \frac{1}{nh} \sum_{i=1}^{n} K\left(\frac{\tilde{X}_{(i-1)\Delta} - x}{h}\right) \mu_{\hat{\theta}}(\tilde{X}_{(i-1)\Delta})$$

$$= T_1(x) + T_2(x)$$

因此需证

$$T_1(x) \xrightarrow{P} 0 \tag{4-4-5}$$

$$T_2(x) \xrightarrow{P} 0 \tag{4-4-6}$$

对式（4-4-5），需要证明

$$\frac{1}{nh} \sum_{i=1}^{n} \left[K\left(\frac{\tilde{X}_{(i-1)\Delta} - x}{h}\right) - K\left(\frac{X_{(i-1)\Delta} - x}{h}\right) \right] \frac{\tilde{X}_{(i+1)\Delta} - \tilde{X}_{i\Delta}}{\Delta} \xrightarrow{P} 0 \tag{4-4-7}$$

$$\frac{1}{nh} \sum_{i=1}^{n} K\left(\frac{X_{(i-1)\Delta} - x}{h}\right) \left(\frac{\tilde{X}_{(i+1)\Delta} - \tilde{X}_{i\Delta}}{\Delta} - \frac{X_{i\Delta} - X_{(i-1)\Delta}}{\Delta} \right) \xrightarrow{P} 0 \tag{4-4-8}$$

其中，式（4-4-7）由引理 4.2 可得，而式（4-4-8）的证明与文献 Nicolau （2007）中定理 2 的证明类似.

对式（4-4-6），需要证明

$$\frac{1}{nh} \sum_{i=1}^{n} \left[K\left(\frac{\tilde{X}_{(i-1)\Delta} - x}{h}\right) - K\left(\frac{X_{(i-1)\Delta} - x}{h}\right) \right] \mu_{\hat{\theta}}(\tilde{X}_{(i-1)\Delta}) \xrightarrow{P} 0 \tag{4-4-9}$$

$$\frac{1}{nh} \sum_{i=1}^{n} K\left(\frac{X_{(i-1)\Delta} - x}{h}\right) \left[\mu_{\hat{\theta}}(\tilde{X}_{(i-1)\Delta}) - \mu_{\hat{\theta}}(X_{(i-1)\Delta}) \right] \xrightarrow{P} 0 \tag{4-4-10}$$

其中式（4-4-9）由引理 4.2 可得，而式（4-4-10）由 $\mu(\cdot)$ 的连续性可得.
其次来证明式（4-4-2）.

$$\tilde{U}_2(x) = \frac{1}{nh} \sum_{i=1}^{n} \left[K\left(\frac{\tilde{X}_{(i-1)\Delta} - x}{h}\right) \left(\frac{\tilde{X}_{(i+1)\Delta} - \tilde{X}_{i\Delta}}{\Delta} - \tilde{\mu}_{\hat{\theta}}(x)\right) \right]^2$$

$$= \frac{1}{nh} \sum_{i=1}^{n} K^2\left(\frac{\tilde{X}_{(i-1)\Delta} - x}{h}\right) \left[\mu_\theta(\tilde{X}_{(i-1)\Delta}) - \tilde{\mu}_{\hat{\theta}}(x) + \right.$$

$$\left. \tilde{u}_{i\Delta} + \mu(\tilde{X}_{(i-1)\Delta}) - \mu_\theta(\tilde{X}_{(i-1)\Delta}) \right]^2$$

$$= \tilde{J}_1(x) + \tilde{J}_2(x) + \tilde{J}_3(x) + \tilde{J}_4(x) + \tilde{J}_5(x) + \tilde{J}_6(x)$$

其中

$$\tilde{u}_{i\Delta} = \frac{\tilde{X}_{(i+1)\Delta} - \tilde{X}_{i\Delta}}{\Delta} - \mu(\tilde{X}_{(i-1)\Delta})$$

$$\tilde{J}_1(x) = \frac{1}{nh} \sum_{i=1}^{n} K^2\left(\frac{\tilde{X}_{(i-1)\Delta} - x}{h}\right) \left[\mu_\theta(\tilde{X}_{(i-1)\Delta}) - \tilde{\mu}_{\hat{\theta}}(x) \right]^2$$

$$\tilde{J}_2(x) = \frac{1}{nh} \sum_{i=1}^{n} K^2\left(\frac{\tilde{X}_{(i-1)\Delta} - x}{h}\right) \tilde{u}_{i\Delta}^2$$

$$\tilde{J}_3(x) = \frac{1}{nh} \sum_{i=1}^{n} K^2\left(\frac{\tilde{X}_{(i-1)\Delta} - x}{h}\right) \left[\mu(\tilde{X}_{(i-1)\Delta}) - \mu_\theta(\tilde{X}_{(i-1)\Delta}) \right]^2$$

$$\tilde{J}_4(x) = \frac{2}{nh} \sum_{i=1}^{n} K^2\left(\frac{\tilde{X}_{(i-1)\Delta} - x}{h}\right) \left[\mu_\theta(\tilde{X}_{(i-1)\Delta}) - \tilde{\mu}_{\hat{\theta}}(x) \right] \left[\mu(\tilde{X}_{(i-1)\Delta}) - \mu_\theta(\tilde{X}_{(i-1)\Delta}) \right]$$

$$\tilde{J}_5(x) = \frac{2}{nh} \sum_{i=1}^{n} K^2\left(\frac{\tilde{X}_{(i-1)\Delta} - x}{h}\right) \left[\mu_\theta(\tilde{X}_{(i-1)\Delta}) - \tilde{\mu}_{\hat{\theta}}(x) \right] \tilde{u}_{i\Delta}$$

$$\tilde{J}_6(x) = \frac{2}{nh} \sum_{i=1}^{n} K^2\left(\frac{\tilde{X}_{(i-1)\Delta} - x}{h}\right) \left[\mu(\tilde{X}_{(i-1)\Delta}) - \mu_\theta(\tilde{X}_{(i-1)\Delta}) \right] \tilde{u}_{i\Delta}$$

对 $\tilde{J}_1(x)$，由条件 C6，得 $\sup\limits_{x \in [0,1]} | \tilde{J}_1(x) | = O_p(n^{-1})$

对 $\tilde{J}_3(x)$，由 $\Delta(x)$ 的有界性，得

$$\sup_{x \in [0, 1]} |\tilde{J}_3(x)| = \sup_{x \in [0, 1]} \left| \frac{C_n^2}{nh} \sum_{i=1}^{n} K^2\left(\frac{\tilde{X}_{(i-1)\Delta} - x}{h}\right) \Delta_n^2(\tilde{X}_{(i-1)\Delta}) \right| = O_p(C_n^2)$$

对 $\tilde{J}_4(x)$，由 $\Delta(x)$ 的有界性和条件 C6，得 $\sup\limits_{x \in [0,1]} |\tilde{J}_4(x)| = O_p(C_n n^{-1/2})$

对 $\tilde{J}_5(x)$，由条件 C6，得 $\sup\limits_{x \in [0,1]} |\tilde{J}_5(x)| = o_p(n^{-1/2})$

对 $\tilde{J}_2(x)$，下证

$$\sup_{x \in [0, 1]} |\tilde{J}_2(x) - v(x, h)| = O_p\{(nh)^{-1/2} \log n\}$$

令

$$J_2(x) = \frac{1}{nh} \sum_{i=1}^{n} K^2\left(\frac{X_{(i-1)\Delta} - x}{h}\right) \left(\frac{X_{i\Delta} - X_{(i-1)\Delta}}{\Delta} - \mu(X_{(i-1)\Delta})\right)^2$$

由 Chen 等人（2003）知

$$\sup_{x \in [0, 1]} |J_2(x) - v(x, h)| = O_p\{(nh)^{-1/2} \log n\}$$

因此只需证明

$$\tilde{J}_2(x) - J_2(x) \xrightarrow{P} 0 \tag{4-4-11}$$

事实上，

$$\tilde{J}_2(x) - J_2(x)$$

$$= \frac{1}{nh} \sum_{i=1}^{n} K^2\left(\frac{\tilde{X}_{(i-1)\Delta} - x}{h}\right) \left(\frac{\tilde{X}_{(i+1)\Delta} - \tilde{X}_{i\Delta}}{\Delta} - \mu(\tilde{X}_{(i-1)\Delta})\right)^2 -$$

$$\frac{1}{nh} \sum_{i=1}^{n} K^2\left(\frac{X_{(i-1)\Delta} - x}{h}\right) \left(\frac{X_{i\Delta} - X_{(i-1)\Delta}}{\Delta} - \mu(X_{(i-1)\Delta})\right)^2$$

$$= \frac{1}{nh} \sum_{i=1}^{n} K^2 \left(\frac{\tilde{X}_{(i-1)\Delta} - x}{h} \right) \left(\frac{\tilde{X}_{(i+1)\Delta} - \tilde{X}_{i\Delta}}{\Delta} \right)^2 -$$

$$\frac{1}{nh} \sum_{i=1}^{n} K^2 \left(\frac{X_{(i-1)\Delta} - x}{h} \right) \left(\frac{X_{i\Delta} - X_{(i-1)\Delta}}{\Delta} \right)^2 +$$

$$\frac{1}{nh} \sum_{i=1}^{n} K^2 \left(\frac{\tilde{X}_{(i-1)\Delta} - x}{h} \right) \mu^2 (\tilde{X}_{(i-1)\Delta}) -$$

$$\frac{1}{nh} \sum_{i=1}^{n} K^2 \left(\frac{X_{(i-1)\Delta} - x}{h} \right) \mu^2 (X_{(i-1)\Delta}) +$$

$$\frac{2}{nh} \sum_{i=1}^{n} K^2 \left(\frac{X_{(i-1)\Delta} - x}{h} \right) \frac{X_{i\Delta} - X_{(i-1)\Delta}}{\Delta} \mu(X_{(i-1)\Delta}) -$$

$$\frac{2}{nh} \sum_{i=1}^{n} K^2 \left(\frac{\tilde{X}_{(i-1)\Delta} - x}{h} \right) \frac{\tilde{X}_{(i+1)\Delta} - \tilde{X}_{i\Delta}}{\Delta} \mu(\tilde{X}_{(i-1)\Delta})$$

$$= T_3(x) + T_4(x) + T_5(x)$$

所以只需证明

$$T_3(x) \xrightarrow{\text{P}} 0 \tag{4-4-12}$$

$$T_4(x) \xrightarrow{\text{P}} 0 \tag{4-4-13}$$

$$T_5(x) \xrightarrow{\text{P}} 0 \tag{4-4-14}$$

对式（4-4-12），需要证明

$$\frac{1}{nh} \sum_{i=1}^{n} \left[K^2 \left(\frac{\tilde{X}_{(i-1)\Delta} - x}{h} \right) - K^2 \left(\frac{X_{(i-1)\Delta} - x}{h} \right) \right] \left(\frac{\tilde{X}_{(i+1)\Delta} - \tilde{X}_{i\Delta}}{\Delta} \right)^2 \xrightarrow{\text{P}} 0$$

$$\tag{4-4-15}$$

$$\frac{1}{nh} \sum_{i=1}^{n} K^2 \left(\frac{X_{(i-1)\Delta} - x}{h} \right) \left[\left(\frac{\tilde{X}_{(i+1)\Delta} - \tilde{X}_{i\Delta}}{\Delta} \right)^2 - \left(\frac{X_{i\Delta} - X_{(i-1)\Delta}}{\Delta} \right)^2 \right] \xrightarrow{\text{P}} 0$$

$$\tag{4-4-16}$$

其中，式（4-4-15）由引理 4.2 可得，而由引理 2.1 利用和 Nicolau（2007）中定理 2 类似的方法可证明式（4-4-16）.

对式（4-4-13），需要证明

$$\frac{1}{nh}\sum_{i=1}^{n}\left[K^2\left(\frac{\tilde{X}_{(i-1)\Delta}-x}{h}\right)-K^2\left(\frac{X_{(i-1)\Delta}-x}{h}\right)\right]\mu^2(\tilde{X}_{(i-1)\Delta})\xrightarrow{P}0 \qquad (4\text{-}4\text{-}17)$$

$$\frac{1}{nh}\sum_{i=1}^{n}K^2\left(\frac{X_{(i-1)\Delta}-x}{h}\right)\left[\mu^2(\tilde{X}_{(i-1)\Delta})-\mu^2(X_{(i-1)\Delta})\right]\xrightarrow{P}0 \qquad (4\text{-}4\text{-}18)$$

其中，式（4-4-17）由引理 4.2 可得，而式（4-4-18）由 $\mu(\cdot)$ 的连续性可得.

对式（4-4-14），需要证明

$$\frac{1}{nh}\sum_{i=1}^{n}K^2\left(\frac{\tilde{X}_{(i-1)\Delta}-x}{h}\right)\frac{\tilde{X}_{(i+1)\Delta}-\tilde{X}_{i\Delta}}{\Delta}\mu(\tilde{X}_{(i-1)\Delta})-$$

$$\frac{1}{nh}\sum_{i=1}^{n}K^2\left(\frac{X_{(i-1)\Delta}-x}{h}\right)\frac{\tilde{X}_{(i+1)\Delta}-\tilde{X}_{i\Delta}}{\Delta}\mu(\tilde{X}_{(i-1)\Delta})\xrightarrow{P}0 \qquad (4\text{-}4\text{-}19)$$

$$\frac{1}{nh}\sum_{i=1}^{n}K^2\left(\frac{X_{(i-1)\Delta}-x}{h}\right)\frac{\tilde{X}_{(i+1)\Delta}-\tilde{X}_{i\Delta}}{\Delta}\mu(\tilde{X}_{(i-1)\Delta})-$$

$$\frac{1}{nh}\sum_{i=1}^{n}K^2\left(\frac{X_{(i-1)\Delta}-x}{h}\right)\frac{X_{i\Delta}-X_{(i-1)\Delta}}{\Delta}\mu(X_{(i-1)\Delta})\xrightarrow{P}0 \qquad (4\text{-}4\text{-}20)$$

其中，式（4-4-19）由引理 4.2 可得，而由引理 2.1 利用和文献 Nicolau（2007）中定理 2 类似的方法可证明式（4-4-20）.

对 $\tilde{J}_6(x)$，下证

$$\sup_{x\in[0,1]}|\tilde{J}_6(x)|=O_p\{C_n(nh)^{-1/2}\log n\}$$

令

$$J_6(x)=\frac{2}{nh}\sum_{i=1}^{n}K^2\left(\frac{X_{(i-1)\Delta}-x}{h}\right)\left[\mu(X_{(i-1)\Delta})-\mu_\theta(X_{(i-1)\Delta})\right]\cdot$$

$$\left(\frac{X_{i\Delta} - X_{(i-1)\Delta}}{\Delta} - \mu(X_{(i-1)\Delta}) \right)$$

$$= \frac{2C_n}{nh} \sum_{i=1}^{n} K^2 \left(\frac{X_{(i-1)\Delta} - x}{h} \right) \Delta_n(X_{(i-1)\Delta}) \cdot$$

$$\left(\frac{X_{i\Delta} - X_{(i-1)\Delta}}{\Delta} - \mu(X_{(i-1)\Delta}) \right)$$

由 Chen 等人（2003）知

$$\sup_{x \in [0, 1]} | J_6(x) | = O_p \{ C_n(nh)^{-1/2} \log n \}$$

所以只需证明

$$\tilde{J}_6(x) - J_6(x) \xrightarrow{P} 0 \tag{4-4-21}$$

事实上

$$\tilde{J}_6(x) - J_6(x)$$

$$= \frac{2C_n}{nh} \sum_{i=1}^{n} K^2 \left(\frac{\tilde{X}_{(i-1)\Delta} - x}{h} \right) \Delta_n(\tilde{X}_{(i-1)\Delta}) \left(\frac{\tilde{X}_{(i+1)\Delta} - \tilde{X}_{i\Delta}}{\Delta} - \mu(\tilde{X}_{(i-1)\Delta}) \right) -$$

$$\frac{2C_n}{nh} \sum_{i=1}^{n} K^2 \left(\frac{X_{(i-1)\Delta} - x}{h} \right) \Delta_n(X_{(i-1)\Delta}) \left(\frac{X_{i\Delta} - X_{(i-1)\Delta}}{\Delta} - \mu(X_{(i-1)\Delta}) \right)$$

$$= \frac{2C_n}{nh} \sum_{i=1}^{n} K^2 \left(\frac{\tilde{X}_{(i-1)\Delta} - x}{h} \right) \frac{\tilde{X}_{(i+1)\Delta} - \tilde{X}_{i\Delta}}{\Delta} \Delta_n(\tilde{X}_{(i-1)\Delta}) -$$

$$\frac{2C_n}{nh} \sum_{i=1}^{n} K^2 \left(\frac{X_{(i-1)\Delta} - x}{h} \right) \Delta_n(X_{(i-1)\Delta}) \frac{X_{i\Delta} - X_{(i-1)\Delta}}{\Delta} +$$

$$\frac{2C_n}{nh} \sum_{i=1}^{n} K^2 \left(\frac{X_{(i-1)\Delta} - x}{h} \right) \Delta_n(X_{(i-1)\Delta}) \mu(X_{(i-1)\Delta}) -$$

$$\frac{2C_n}{nh}\sum_{i=1}^{n}K^2\left(\frac{\tilde{X}_{(i-1)\Delta}-x}{h}\right)\Delta_n(\tilde{X}_{(i-1)\Delta})\mu(\tilde{X}_{(i-1)\Delta})$$

因为 $\Delta_n(\cdot)$ 是有界函数序列，所以只需证明

$$\frac{1}{nh}\sum_{i=1}^{n}K^2\left(\frac{\tilde{X}_{(i-1)\Delta}-x}{h}\right)\frac{\tilde{X}_{(i+1)\Delta}-\tilde{X}_{i\Delta}}{\Delta}-$$

$$\frac{1}{nh}\sum_{i=1}^{n}K^2\left(\frac{X_{(i-1)\Delta}-x}{h}\right)\frac{X_{i\Delta}-X_{(i-1)\Delta}}{\Delta}\xrightarrow{P}0 \qquad (4\text{-}4\text{-}22)$$

$$\frac{1}{nh}\sum_{i=1}^{n}K^2\left(\frac{\tilde{X}_{(i-1)\Delta}-x}{h}\right)\mu(\tilde{X}_{(i-1)\Delta})-\frac{1}{nh}\sum_{i=1}^{n}K^2\left(\frac{X_{(i-1)\Delta}-x}{h}\right)\mu(X_{(i-1)\Delta})\xrightarrow{P}0$$

$$(4\text{-}4\text{-}23)$$

对式（4-4-22），需要证明

$$\frac{1}{nh}\sum_{i=1}^{n}\left[K^2\left(\frac{\tilde{X}_{(i-1)\Delta}-x}{h}\right)-K^2\left(\frac{X_{(i-1)\Delta}-x}{h}\right)\right]\frac{\tilde{X}_{(i+1)\Delta}-\tilde{X}_{i\Delta}}{\Delta}\xrightarrow{P}0 \quad (4\text{-}4\text{-}24)$$

$$\frac{1}{nh}\sum_{i=1}^{n}K^2\left(\frac{X_{(i-1)\Delta}-x}{h}\right)\left[\frac{\tilde{X}_{(i+1)\Delta}-\tilde{X}_{i\Delta}}{\Delta}-\frac{X_{i\Delta}-X_{(i-1)\Delta}}{\Delta}\right]\xrightarrow{P}0 \quad (4\text{-}4\text{-}25)$$

其中，式（4-4-24）由引理 4.2 可得，而由引理 2.1 利用和式（4-4-8）类似的方法可证明式（4-4-25）.

对式（4-4-23），需要证明

$$\frac{1}{nh}\sum_{i=1}^{n}\left[K^2\left(\frac{\tilde{X}_{(i-1)\Delta}-x}{h}\right)-K^2\left(\frac{X_{(i-1)\Delta}-x}{h}\right)\right]\mu(\tilde{X}_{(i-1)\Delta})\xrightarrow{P}0 \quad (4\text{-}4\text{-}26)$$

$$\frac{1}{nh}\sum_{i=1}^{n}K^2\left(\frac{X_{(i-1)\Delta}-x}{h}\right)\left[\mu(\tilde{X}_{(i-1)\Delta})-\mu(X_{(i-1)\Delta})\right]\xrightarrow{P}0 \quad (4\text{-}4\text{-}27)$$

其中，式（4-4-26）由引理 4.2 可得，而式（4-4-27）由 $\mu(\cdot)$ 的连续性可得.

综上，有

$$\sup_{x \in [0,1]} | \tilde{U}_2(x) - v(x, h) | = O_p\{(nh)^{-1/2}\log n\}$$

注意到当 $n \to \infty$ 时, $v(x, h) \to p(x)\sigma^2(x)\int K^2(u)\,du$, 并且有

$$\inf_{x \in [0,1]} | \tilde{U}_2(x) | \geqslant - \sup_{x \in [0,1]} | \tilde{U}_2(x) - v(x, h) | + \inf_{x \in [0,1]} | v(x, h) |$$

式（4-4-2）得证.

最后，来证明式（4-4-3）. 利用 Borel-Cantelli 引理，该部分的证明与 Chen 等人（2003）中引理 1 的证明方法类似，此处略. 证毕.

定理 4.1 的证明

设 $\gamma(x)$ 为定义在 $x \in [0,1]$ 上的随机过程, δ_n 为一序列，本章用 $\gamma(x) = \tilde{O}_p(\delta_n)$ 和 $\gamma(x) = \tilde{o}_p(\delta_n)$ 分别表示 $\sup_{x \in [0,1]} |\gamma(x)| = O_p(\delta_n)$ 和 $\sup_{x \in [0,1]} |\gamma(x)| = o_p(\delta_n)$.

首先来证明下式成立

$$k_n^{-1} l_n(\tilde{\mu}_{\hat{\theta}}) = nh\int \frac{\{\hat{\mu}(x) - \tilde{\mu}_\theta(x)\}^2}{V(x)}\,dx + O_p\{k_n^{-1}\log^2 n + h\log^2 n\} \quad (4\text{-}4\text{-}28)$$

其中, $V(x) = \lim_{n \to \infty} V(x, h)$.

事实上，由 Taylor 展开式和引理 4.3，得

$$l\{\tilde{\mu}_{\hat{\theta}}(x)\} = -2\log[L\{\tilde{\mu}_{\hat{\theta}}(x)\}n^n]$$

$$= -2\log\left[\prod_{i=1}^n \frac{1}{n}\left(1 + \lambda(x)K\left(\frac{\tilde{X}_{(i-1)\Delta} - x}{h}\right)\left(\frac{\tilde{X}_{(i+1)\Delta} - \tilde{X}_{i\Delta}}{\Delta} - \tilde{\mu}_{\hat{\theta}}(x)\right)\right)^{-1} n^n\right]$$

$$= 2\sum_{i=1}^n \log\left[1 + \lambda(x)K\left(\frac{\tilde{X}_{(i-1)\Delta} - x}{h}\right)\left(\frac{\tilde{X}_{(i+1)\Delta} - \tilde{X}_{i\Delta}}{\Delta} - \tilde{\mu}_{\hat{\theta}}(x)\right)\right]$$

$$= 2\sum_{i=1}^n \left[\lambda(x)K\left(\frac{\tilde{X}_{(i-1)\Delta} - x}{h}\right)\left(\frac{\tilde{X}_{(i+1)\Delta} - \tilde{X}_{i\Delta}}{\Delta} - \tilde{\mu}_{\hat{\theta}}(x)\right)\right] -$$

$$\sum_{i=1}^n \left[\lambda^2(x)K^2\left(\frac{\tilde{X}_{(i-1)\Delta} - x}{h}\right)\left(\frac{\tilde{X}_{(i+1)\Delta} - \tilde{X}_{i\Delta}}{\Delta} - \tilde{\mu}_{\hat{\theta}}(x)\right)^2\right] + \tilde{o}_p\{(nh)^{-1/2}\log^3 n\}$$

$$= 2nh\lambda(x)\tilde{U}_1(x) - nh\lambda^2(x)\tilde{U}_2(x) + \tilde{o}_p\{(nh)^{-1/2}\log^3 n\}$$

并且由式（4-2-1）知 $\lambda(x)$ 满足

$$\sum_{i=1}^n \frac{\tilde{Q}_i(x)}{1 + \lambda(x)\tilde{Q}_i(x)} = 0$$

由 $\dfrac{1}{1+x} = 1 - x + \dfrac{x^2}{1+x}$，得

$$\sum_{i=1}^n \tilde{Q}_i(x)\left[1 - \lambda(x)\tilde{Q}_i(x) + \frac{\lambda^2(x)\tilde{Q}_i^2(x)}{1 + \lambda(x)\tilde{Q}_i(x)}\right] = 0$$

即

$$\tilde{U}_1(x) - \lambda(x)\tilde{U}_2(x) + \frac{1}{nh}\sum_{i=1}^n \frac{\lambda^2(x)\tilde{Q}_i^3(x)}{1 + \lambda(x)\tilde{Q}_i(x)} = 0$$

与引理 4.3 的证明类似可得

$$\frac{1}{nh}\sum_{i=1}^n \frac{\tilde{Q}_i^3(x)}{1 + \lambda(x)\tilde{Q}_i(x)} = \tilde{O}_p(1)$$

因此有

$$\lambda(x) = \tilde{U}_2^{-1}(x)\tilde{U}_1(x) + \tilde{o}_p\{(nh)^{-1}\log^2 n\}$$

所以

$$l\{\tilde{\mu}_{\hat{\theta}}(x)\} = 2nh\lambda(x)\tilde{U}_1(x) - nh\lambda^2(x)\tilde{U}_2(x) + \tilde{o}_p\{(nh)^{-1/2}\log^3 n\}$$

$$= 2nh[\tilde{U}_2^{-1}(x)\tilde{U}_1(x) + \tilde{o}_p\{(nh)^{-1}\log^2 n\}]\tilde{U}_1(x) -$$

$$nh[\tilde{U}_2^{-1}(x)\tilde{U}_1(x) + \tilde{o}_p\{(nh)^{-1}\log^2 n\}]^2\tilde{U}_2(x) +$$

$$\tilde{o}_p\{(nh)^{-1/2}\log^3 n\}$$

$$= nh\tilde{U}_1^2(x)\tilde{U}_2^{-1}(x) + \tilde{o}_p\{(nh)^{-1/2}\log^3 n\}$$

又由引理 4.3 的证明，知

$$\tilde{U}_1(x) = b(x, h)\{\hat{\mu}(x) - \tilde{\mu}_\theta(x)\} + \tilde{O}_p\{n^{-1/2} + (nh)^{-1}\log^2 n\}$$

和

$$\tilde{U}_2(x) = v(x, h) + \tilde{O}_p(h)$$

因此有

$$l\{\tilde{\mu}_{\hat\theta}(x)\} = nh\tilde{U}_1^2(x)\tilde{U}_2^{-1}(x) + \tilde{o}_p\{(nh)^{-1/2}\log^3 n\}$$

$$= nh\frac{b^2(x, h)(\hat{\mu}(x) - \tilde{\mu}_\theta(x))^2}{v(x, h)} + \tilde{O}_p\{(nh)^{-1}h\log^2 n\}$$

$$= nh\frac{\{\hat{\mu}(x) - \tilde{\mu}_\theta(x)\}^2}{V(x, h)} + \tilde{O}_p\{(nh)^{-1}h\log^2 n\}$$

这就证明了式 (4-4-28).

现在来证明 $l_n(\tilde{\mu}_{\hat\theta})$ 和 $\int_0^1 N^2(s)\mathrm{d}s$ 具有相同的正态分布. $\int_0^1 N^2(s)\mathrm{d}s$ 的渐近正态性在 Chen 等人 (2003) 中已有证明，因此此处只需证明 $l_n(\tilde{\mu}_{\hat\theta})$ 是渐近正态的. 令

$$S_n = nh\int_0^1 \frac{\{\hat{\mu}(x) - \tilde{\mu}_\theta(x)\}^2}{V(x)}\mathrm{d}x$$

$$\tilde{H}_1(x) = \frac{1}{nh}\sum_{i=1}^n K\left(\frac{\tilde{X}_{(i-1)\Delta} - x}{h}\right)\tilde{u}_{i\Delta}$$

$$\tilde{H}_2(x) = \frac{C_n}{nh} \sum_{i=1}^{n} K\left(\frac{\tilde{X}_{(i-1)\Delta} - x}{h}\right) \Delta_n(\tilde{X}_{(i-1)\Delta})$$

则有

$$S_n = nh \int_0^1 \frac{\{\hat{\mu}(x) - \tilde{\mu}_\theta(x)\}^2}{V(x)} \mathrm{d}x$$

$$= nh \int_0^1 V^{-1}(x) \left\{ \frac{\sum_{i=1}^{n} K\left(\frac{\tilde{X}_{(i-1)\Delta} - x}{h}\right) \frac{\tilde{X}_{(i+1)\Delta} - \tilde{X}_{i\Delta}}{\Delta}}{\sum_{i=1}^{n} K\left(\frac{\tilde{X}_{(i-1)\Delta} - x}{h}\right)} - \frac{\sum_{i=1}^{n} K\left(\frac{\tilde{X}_{(i-1)\Delta} - x}{h}\right) \mu_\theta(\tilde{X}_{(i-1)\Delta})}{\sum_{i=1}^{n} K\left(\frac{\tilde{X}_{(i-1)\Delta} - x}{h}\right)} \right\}^2 \mathrm{d}x$$

$$= nh \int_0^1 V^{-1}(x) \left\{ \frac{\frac{1}{nh} \sum_{i=1}^{n} K\left(\frac{\tilde{X}_{(i-1)\Delta} - x}{h}\right) \left(\frac{\tilde{X}_{(i+1)\Delta} - \tilde{X}_{i\Delta}}{\Delta} - \mu_\theta(\tilde{X}_{(i-1)\Delta})\right)}{\frac{1}{nh} \sum_{i=1}^{n} K\left(\frac{\tilde{X}_{(i-1)\Delta} - x}{h}\right)} \right\}^2 \mathrm{d}x$$

$$= nh \int_0^1 V^{-1}(x) \hat{p}^{-2}(x) \left\{ \frac{1}{nh} \sum_{i=1}^{n} K\left(\frac{\tilde{X}_{(i-1)\Delta} - x}{h}\right) \left(\frac{\tilde{X}_{(i+1)\Delta} - \tilde{X}_{i\Delta}}{\Delta} - \mu_\theta(\tilde{X}_{(i-1)\Delta})\right) \right\}^2 \mathrm{d}x$$

$$= nh \int_0^1 V^{-1}(x) \hat{p}^{-2}(x) \left\{ \frac{1}{nh} \sum_{i=1}^{n} K\left(\frac{\tilde{X}_{(i-1)\Delta} - x}{h}\right) \cdot \right.$$

$$\left. \left(\frac{\tilde{X}_{(i+1)\Delta} - \tilde{X}_{i\Delta}}{\Delta} - \mu(\tilde{X}_{(i-1)\Delta}) + \mu(\tilde{X}_{(i-1)\Delta}) - \mu_\theta(\tilde{X}_{(i-1)\Delta})\right) \right\}^2 \mathrm{d}x$$

$$= nh \int_0^1 V^{-1}(x) \hat{p}^{-2}(x) \left\{ \frac{1}{nh} \sum_{i=1}^{n} K\left(\frac{\tilde{X}_{(i-1)\Delta} - x}{h}\right) \left[\tilde{u}_{i\Delta} + C_n \Delta_n(\tilde{X}_{(i-1)\Delta})\right] \right\}^2 \mathrm{d}x$$

$$= nh \int_0^1 V^{-1}(x) \hat{p}^{-2}(x) \left[\tilde{H}_1(x) + \tilde{H}_2(x)\right]^2 \mathrm{d}x$$

$$= nh \int_0^1 V^{-1}(x) \hat{p}^{-2}(x) \tilde{H}_1^2(x) \, \mathrm{d}x + nh \int_0^1 V^{-1}(x) \hat{p}^{-2}(x) \tilde{H}_2^2(x) \, \mathrm{d}x + 2\tilde{A}_n$$

其中

$$\tilde{A}_n = nh \int_0^1 V^{-1}(x) \hat{p}^{-2}(x) \tilde{H}_1(x) \tilde{H}_2(x) \, \mathrm{d}x$$

由 Chen 等人（2003）知

$$\frac{1}{nh} \sum_{i=1}^n K\left(\frac{X_{(i-1)\Delta} - x}{h}\right) \Delta_n(X_{(i-1)\Delta}) = \Delta_n(x) p(x) + o_p(h^{1/2})$$

而由引理 4.2 知

$$\frac{1}{nh} \sum_{i=1}^n K\left(\frac{\tilde{X}_{(i-1)\Delta} - x}{h}\right) \Delta_n(\tilde{X}_{(i-1)\Delta}) - \frac{1}{nh} \sum_{i=1}^n K\left(\frac{X_{(i-1)\Delta} - x}{h}\right) \Delta_n(X_{(i-1)\Delta}) \xrightarrow{P} 0$$

因此有

$$\frac{1}{nh} \sum_{i=1}^n K\left(\frac{\tilde{X}_{(i-1)\Delta} - x}{h}\right) \Delta_n(\tilde{X}_{(i-1)\Delta}) = \Delta_n(x) p(x) + o_p(h^{1/2})$$

所以可得

$$\tilde{A}_n = nh \int_0^1 V^{-1}(x) \hat{p}^{-2}(x) \tilde{H}_1(x) \tilde{H}_2(x) \, \mathrm{d}x$$

$$= nh C_n \int_0^1 V^{-1}(x) p^{-2}(x) \left(\frac{1}{n} \sum_{i=1}^n K_h(\tilde{X}_{(i-1)\Delta} - x) \tilde{u}_{i\Delta}\right) \Delta_n(x) p(x) \, \mathrm{d}x \{1 + o_p(h^{1/2})\}$$

$$= n^{-1/2} h^{3/4} \sum_{i=1}^n \tilde{u}_{i\Delta} \int_0^1 V^{-1}(x) p^{-1}(x) K_h(\tilde{X}_{(i-1)\Delta} - x) \Delta_n(x) \, \mathrm{d}x \{1 + o_p(h^{1/2})\}$$

$$= n^{1/2} h^{3/4} \tilde{W}_{n0} \{1 + o_p(h^{1/2})\}$$

其中

$$\tilde{W}_{n0} = \frac{1}{n} \sum_{i=1}^n \tilde{u}_{i\Delta} \int_0^1 V^{-1}(x) p^{-1}(x) K_h(\tilde{X}_{(i-1)\Delta} - x) \Delta_n(x) \, \mathrm{d}x$$

由于 $E(\tilde{W}_{n0}) = 0$，且 $\mathrm{Var}(\tilde{W}_{n0}) \leqslant Cn^{-1}$，有 $\tilde{A}_n = O_p(h^{3/4})$. 因此

$$k_n^{-1} l_n(\tilde{\mu}_{\hat{\theta}})$$

$$= S_n + O_p\{k_n^{-1}\log^2 n + h\log^2 n\}$$

$$= nh\int_0^1 V^{-1}(x)\hat{p}^{-2}(x)\tilde{H}_1^2(x)\,\mathrm{d}x + nh\int_0^1 V^{-1}(x)\hat{p}^{-2}(x)\tilde{H}_2^2(x)\,\mathrm{d}x +$$

$$2\tilde{A}_n + O_p\{k_n^{-1}\log^2 n + h\log^2 n\}$$

$$= nh\int_0^1 V^{-1}(x)p^{-2}(x)\left(\frac{1}{n}\sum_{i=1}^n K_h(\tilde{X}_{(i-1)\Delta} - x)\tilde{u}_{i\Delta}\right)^2 \mathrm{d}x +$$

$$nh\int_0^1 V^{-1}(x)p^{-2}(x)\left(\frac{C_n}{n}\sum_{i=1}^n K_h(\tilde{X}_{(i-1)\Delta} - x)\Delta_n(\tilde{X}_{(i-1)\Delta})\right)^2 \mathrm{d}x + o_p(h^{1/2})$$

$$= \frac{h}{n}\sum_{i\neq j}\tilde{u}_{i\Delta}\tilde{u}_{j\Delta}\int_0^1 V^{-1}(x)p^{-2}(x)K_h(\tilde{X}_{(i-1)\Delta} - x)K_h(\tilde{X}_{(j-1)\Delta} - x)\,\mathrm{d}x +$$

$$\frac{h}{n}\sum_{i=1}^n\tilde{u}_{i\Delta}^2\int_0^1 V^{-1}(x)p^{-2}(x)K_h^2(\tilde{X}_{(i-1)\Delta} - x)\,\mathrm{d}x +$$

$$h^{1/2}\int_0^1 V^{-1}(x)p^{-2}(x)\left(\frac{1}{n}\sum_{i=1}^n K_h(\tilde{X}_{(i-1)\Delta} - x)\Delta_n(\tilde{X}_{(i-1)\Delta})\right)^2 \mathrm{d}x + o_p(h^{1/2})$$

$$= \tilde{S}_{n1} + \tilde{S}_{n2} + \tilde{S}_{n3} + o_p(h^{1/2})$$

其中

$$\tilde{S}_{n1} = \frac{h}{n}\sum_{i\neq j}\tilde{u}_{i\Delta}\tilde{u}_{j\Delta}\int_0^1 V^{-1}(x)p^{-2}(x)K_h(\tilde{X}_{(i-1)\Delta} - x)K_h(\tilde{X}_{(j-1)\Delta} - x)\,\mathrm{d}x$$

$$\tilde{S}_{n2} = \frac{h}{n}\sum_{i=1}^n\tilde{u}_{i\Delta}^2\int_0^1 V^{-1}(x)p^{-2}(x)K_h^2(\tilde{X}_{(i-1)\Delta} - x)\,\mathrm{d}x$$

$$\tilde{S}_{n3} = h^{1/2} \int_0^1 V^{-1}(x) p^{-2}(x) \left(\frac{1}{n} \sum_{i=1}^n K_h(\tilde{X}_{(i-1)\Delta} - x) \Delta_n(\tilde{X}_{(i-1)\Delta}) \right)^2 dx$$

因为

$$\frac{1}{n} \sum_{i=1}^n K_h(\tilde{X}_{(i-1)\Delta} - x) \Delta_n(\tilde{X}_{(i-1)\Delta}) = p(x) \Delta_n(x) + o_p(h^{1/2})$$

因此有

$$\tilde{S}_{n3} = h^{1/2} \int_0^1 V^{-1}(x) \Delta_n^2(x) dx + o_p(h^{1/2}) \tag{4-4-29}$$

而由 $E(\tilde{S}_{n2}) = 1 + O(h^2)$, Var $(\tilde{S}_{n2}) = O(n^{-1}h)$, 可知

$$\tilde{S}_{n2} = 1 + o_p(h^{1/2}) \tag{4-4-30}$$

令

$$\tilde{S}_{n1}^0 = \sum_{1 \le i < j \le n} \tilde{u}_{i\Delta} \tilde{u}_{j\Delta} \int_0^1 V^{-1}(x) p^{-2}(x) K_h(\tilde{X}_{(i-1)\Delta} - x) K_h(\tilde{X}_{(j-1)\Delta} - x) dx$$

则有 $\tilde{S}_{n1} = 2n^{-1} h \tilde{S}_{n1}^0$.

为了证明 $l_n(\tilde{\mu}_{\hat{\theta}})$ 的渐近正态性,并且和 $\int_0^1 N(s) ds$ 具有相同的渐近正态分布,下面先来证明

$$\text{Var}(\tilde{S}_{n1}) = 2h K^{(4)}(0) \{ K^{(2)}(0) \}^{-2} \{ 1 + o(1) \} \tag{4-4-31}$$

和 $\tilde{S}_{n1}^0$ 的渐近正态性. 利用 Hjellvik 等人(1996)的定理 A 的注 B,式(4-4-31)的证明和 Chen 等人(2003)中的定理 1 类似. $\tilde{S}_{n1}^0$ 的渐近正态性也可以利用和 Chen 等人(2003)中定理 1 的证明类似的方法来证,此处略.

综上,由式(4-4-29)~式(4-4-31)以及 $\tilde{S}_{n1}^0$ 的渐近正态性,可得

$$\frac{1}{\sqrt{h}}\{k_n^{-1}l_n(\tilde{\mu}_{\hat{\theta}}) - 1 - h^{1/2}\int_0^1 V^{-1}(s)\Delta_n^2(s)\,\mathrm{d}s\} \xrightarrow{D} N(0, \ 2K^{(4)}(0)\{K^{(2)}(0)\}^{-2})$$

证毕.

推论 4.1 的证明

由定理 4.1 的证明可得.

5 扩散过程的变带宽局部
极大似然型估计

<<<<<<<<<<<<<<<<<<<<<<<<<<<<<<<<<<<<<<<<<<<<<<<<<<<<<<<<

5.1 扩散模型和稳健估计

本章考虑由如下随机微分方程确定的一维扩散过程 X

$$\mathrm{d}X_t = \mu(X_t)\mathrm{d}t + \sigma(X_t)\mathrm{d}B_t \qquad (5\text{-}1\text{-}1)$$

其中，$\{B_t,\ t \geqslant 0\}$ 为标准布朗运动，$\mu(\cdot)$ 和 $\sigma(\cdot)$ 为漂移函数和扩散函数，分别表示过程 X_t 的条件均值和条件方差在时间 t 处的无穷小变化. 众所周知，扩散过程被广泛应用于建模金融证券的随机动态性. 尽管扩散过程的样本轨道是连续的，在大多数情况下（例如利息率）只能在离散的时刻进行观察，而连续两次观测之间的采样间隔可以是固定的，当样本个数趋于无穷时，也可以是趋于零的. 因此，在近期的文献中，关于扩散过程的统计推断大都建立在离散采样的基础之上，例如，在参数估计方面，读者可参考 Bibby 和 Sørensen（1995），Bibby 等人（2002），Aït-Sahalia（2002），Tang 和 Chen（2009）以及这些论文的参考文献；至于非参数估计方面，读者可参考 Bandi 和 Phillips（2003），Comte 等人（2007），Fan 和 Zhang（2003）等以及其中的参考文献.

众多文献中，首先考虑离散采样基础上的扩散过程的非参数估计的文章是 Florens-Zmirou（1993），在这篇论文中，核型估计量被提出. 之后，Jiang 和 Knight（1997）在 Florens-Zmirou（1993）的基础上发展了扩散系数的非参数核估计量，并且通过结合扩散系数的估计量得到了漂移系数的相合非参数估计量. Stanton（1997）应用无穷小生成元和 Taylor 级数展开式构造了漂移函数和扩散函数的一阶，二阶和三阶逼近公式. Fan 和 Zhang（2003）推广了 Stanton（1997）的思想，引入了漂移函数和扩散函数的局部多项式估计量. 但是，由局部线性方法得到的扩散系数的估计量会产生负值，而这与扩散系数本身的非负性相互矛盾，因此 Xu（2010）在 Nadaraya-Watson 估计量的基础上提出了针对扩散系数的一种新的非参数估计方法.

　　然而，局部多项式光滑方法不是一种稳健的方法. 稳健性是数据分析中十分重要的概念，稳健的英文原文是 robust，含义是强壮、坚韧. 在统计学中提出这样的名词，主要是因为在应用统计方法解决实际问题时一般要先收集数据（即所谓的观察值或样本），然后由数据按照一定的统计方法进行统计推断（估计或检验等）. 也就是说数据是进行统计分析的基础，然而我们在获取数据的过程中往往会出现一些未被注意或难以察觉的意外情况. 例如，试验或生产条件的突然变化，测试仪表的某种故障，观测人员的疏忽大意等等，都会使数据中不可避免地含有或多或少的反常数值，这就是所谓的异常观察值（简称异常值，outlier）. 这些异常值会不同程度地影响到统计推断的结果. 特别是有些统计方法对异常值相当敏感，个别异常值就会使统计推断的结果发生较大的变化，导致不合理的甚至完全错误的结论. 这样的统计方法就不够"强壮"，不能适应复杂变化着的实际情况. 稳健统计方法应尽可能具有以下三个特点，一是对模型假设的小偏差具有稳定性，即模型假设的小偏差不会导致其性能的大变化；二是对数据中的异常值有较强的抗扰性；三是在多个典型模型下都有较好的性能.

　　稳健方法有着悠久的历史，可以追溯到至少 19 世纪末的 Simon Newcomb (Stigler，1973). 但百余年来只限于朴素的思想和简单的方法，直到 20 世纪 60 年代，Huber 和 Hampel 等人建立了一套理论才形成稳健统计这一年轻的分支，推动了稳健方法的迅猛发展和广泛应用. 其中一种很受欢迎的稳健技术就是 M-估计，该估计是 Huber（1964）提出的一类位置参数的稳健估计-极大似然型估计，并解决了相应的渐近极小极大问题；Huber（1973）将上述稳健估计方法推广到多参数回归模型上；Hampel（1971）给出了稳健性的一个严格定义并提出了刻画稳健性的两个重要概念；崩溃点（breakdown point）和影响曲线（influence curve）. 关于稳健估计的详细介绍读者可参考 Huber 和 Ronchetti（2009）.

　　常见的稳健估计主要有三类，M-估计（极大似然型估计，maximum likelihood type estimates）、L-估计（顺序统计量的线性组合，linear combinations of order statistics）和 R-估计（由秩检验导出的估计，estimates derived from rank tests）. 但是正如 Huber（1973）中所指出的那样，当考虑到渐近理论时，与其他类型的稳健估计量，如 L-估计量和 R-估计量相比，M-估计量是最容易处理的. 因此，M-估计在参数，半参数以及非参数背景下的研究受到广泛关注，例如，Delecroix 等人（2006），Davis 等人（1992），Hall 和 Jones（1990）以及这些论文中的参考文献都涉及 M-估计. 除此之外，一些改进的 M-估计量相继被提出并得到应用，例如，局部 M-估计量，这种估计量是局部线性平滑技术和 M-估计技术的结合，它同时保留了局部线性估计量和 M-估计量的良好性质. Fan 和 Jiang（2000）得到了回归函数的变带宽局部线性 M-估计量，并且证明了新的估计量不仅保留了局部线性估计量的优点，而且克服了最小二乘估计量缺乏稳健性的缺点. Jiang 和 Mack（2001）在局部多项式回归技术的基础上考虑了回归函数的稳健估计量.

本章的目的是在高频采样的基础上建立扩散过程的漂移系数和扩散系数的变带宽局部线性 M-估计量，即考虑离散采样，并且观察值只在离散点处取得，例如，在 n 个等距离的点 $\{i\Delta, i=0, 1, \cdots, n\}$ 处采样，这里，Δ 为样本区间，并且满足当 $n\to\infty$ 时 $\Delta\to0$. 进一步，本章将在相对温和的条件下，得到新的估计量的相合性和渐近正态性.

5.2 局部极大似然型估计量及模型假设

本节首先来建立局部 M-估计量. 对扩散过程（5-1-1），当 $\Delta\to0$ 时，其漂移系数和扩散系数满足如下方程

$$E\left(\frac{X_{(i+1)\Delta} - X_{i\Delta}}{\Delta}\middle| X_{i\Delta} = x\right) = \mu(x) + o(1) \tag{5-2-1}$$

$$E\left(\frac{(X_{(i+1)\Delta} - X_{i\Delta})^2}{\Delta}\middle| X_{i\Delta} = x\right) = \sigma^2(x) + o(1) \tag{5-2-2}$$

忽略高阶无穷小项，漂移系数 $\mu(x)$ 的变带宽局部线性估计量为如下问题的解：选取 a_1 和 b_1 最小化下面的加权和

$$\sum_{i=1}^{n}\left(\frac{X_{(i+1)\Delta} - X_{i\Delta}}{\Delta} - a_1 - b_1(X_{i\Delta} - x)\right)^2 \beta_1(X_{i\Delta})K\left(\frac{X_{i\Delta} - x}{h}\beta_1(X_{i\Delta})\right)$$

而扩散系数 $\sigma^2(x)$ 的变带宽局部线性估计量为如下问题的解：选取 a_2 和 b_2 最小化下面的加权和

$$\sum_{i=1}^{n}\left(\frac{(X_{(i+1)\Delta} - X_{i\Delta})^2}{\Delta} - a_2 - b_2(X_{i\Delta} - x)\right)^2 \beta_2(X_{i\Delta})K\left(\frac{X_{i\Delta} - x}{h}\beta_2(X_{i\Delta})\right)$$

其中，$K(\cdot)$ 为核函数，$h=h_n$ 为带宽，$\beta_1(\cdot)$ 和 $\beta_2(\cdot)$ 都是反映在各个数据点处光滑化程度的取值为正的函数. $h/\beta_1(X_{i\Delta})$ 和 $h/\beta_2(X_{i\Delta})$ 常被称为变带宽.

关于变带宽的详细介绍，可参考 Breiman 等人（1977），Fan 和 Gijbels（1992，1995），Hall 和 Marron（1988），Hall 等人（1995）以及 Müller 和 Stadtmüller（1987）等.

但是，上面得到的局部线性估计量是基于最小二乘技术建立起来的，因此是不稳健的. 所以，本节选取 a_1 和 b_1 最小化

$$\sum_{i=1}^{n} \rho_1\left(\frac{X_{(i+1)\Delta} - X_{i\Delta}}{\Delta} - a_1 - b_1(X_{i\Delta} - x)\right)\beta_1(X_{i\Delta})K\left(\frac{X_{i\Delta} - x}{h}\beta_1(X_{i\Delta})\right)$$

$$(5\text{-}2\text{-}3)$$

而选取 a_2 和 b_2 最小化

$$\sum_{i=1}^{n} \rho_2\left(\frac{(X_{(i+1)\Delta} - X_{i\Delta})^2}{\Delta} - a_2 - b_2(X_{i\Delta} - x)\right)\beta_2(X_{i\Delta})K\left(\frac{X_{i\Delta} - x}{h}\beta_2(X_{i\Delta})\right)$$

$$(5\text{-}2\text{-}4)$$

或者满足如下局部估计方程

$$\sum_{i=1}^{n} \psi_1\left(\frac{X_{(i+1)\Delta} - X_{i\Delta}}{\Delta} - a_1 - b_1(X_{i\Delta} - x)\right) \cdot$$

$$\beta_1(X_{i\Delta})K\left(\frac{X_{i\Delta} - x}{h/\beta_1(X_{i\Delta})}\right)\begin{pmatrix} 1 \\ \dfrac{X_{i\Delta} - x}{h} \end{pmatrix} = \begin{pmatrix} 0 \\ 0 \end{pmatrix} \qquad (5\text{-}2\text{-}5)$$

和

$$\sum_{i=1}^{n} \psi_2\left(\frac{(X_{(i+1)\Delta} - X_{i\Delta})^2}{\Delta} - a_2 - b_2(X_{i\Delta} - x)\right) \cdot$$

$$\beta_2(X_{i\Delta})K\left(\frac{X_{i\Delta} - x}{h/\beta_2(X_{i\Delta})}\right)\begin{pmatrix} 1 \\ \dfrac{X_{i\Delta} - x}{h} \end{pmatrix} = \begin{pmatrix} 0 \\ 0 \end{pmatrix} \qquad (5\text{-}2\text{-}6)$$

其中，$\rho_1(\,\cdot\,)$ 和 $\rho_2(\,\cdot\,)$ 是给定的损失函数，$\psi_1(\,\cdot\,)$ 和 $\psi_2(\,\cdot\,)$ 分别为 $\rho_1(\,\cdot\,)$ 和 $\rho_2(\,\cdot\,)$ 的导数.

本章将 $\mu(x)$ 和 $\mu'(x)$ 的局部 M-估计量分别记为 $\hat{\mu}(x)=\hat{a}_1$ 和 $\hat{\mu}'(x)=\hat{b}_1$，它们是方程（5-2-5）的解，将 $\sigma^2(x)$ 和 $(\sigma^2(x))'$ 的局部 M-估计量分别记为 $\hat{\sigma}^2(x)=\hat{a}_2$ 和 $(\hat{\sigma}^2(x))'=\hat{b}_2$，它们是方程（5-2-6）的解.

设 x_0 为给定的点，现在给出本章的假设条件.

条件 D1

（1）初始条件 $X_0 \in L^2$ 并且与 $\{B_t,\ t \geq 0\}$ 独立；

（2）设区间 $D=(l,\ u)$ $(-\infty \leq l < u \leq \infty)$ 为过程 X 的状态空间，漂移函数 $\mu(\,\cdot\,)$ 和扩散函数 $\sigma(\,\cdot\,)$ 在 D 上是时齐的可测函数，它们至少二阶连续可微且满足局部 Lipschitz 和增长条件，即对任一紧子集 $J \subseteq D$，都存在常数 L_1 和 L_2 使得对任意 $x,\ y \in J$，有

$$|\mu(x)-\mu(y)|+|\sigma(x)-\sigma(y)| \leq L_1|x-y|$$

和

$$|\mu(x)|+|\sigma(x)| \leq L_2[1+|x|]$$

（3）在 D 上 $\sigma^2(\,\cdot\,)>0$；

（4）自然尺度函数 $S(z)=\displaystyle\int_{z_0}^{z}\exp\left(\int_{z_0}^{y}\frac{-2\mu(x)}{\sigma^2(x)}\mathrm{d}x\right)\mathrm{d}y$，$z_0 \in D$ 满足

$$\lim_{z \to l}S(z)=-\infty$$

和

$$\lim_{z \to u}S(z)=\infty$$

条件 D2

（1）$\displaystyle\int_{l}^{u}s(x)\mathrm{d}x < \infty$，其中 $s(x)=2/S'(x)\sigma^2(x)$ 为过程 X_t 的速度密度函数.

（2）初始值 X_0 具有平稳分布 P^0，P^0 为遍历过程 X 的不变分布.

注 5.1　条件 D1 和文献 Bandi 和 Phillips（2003）中的假设条件一样，保证了模型（5.1.1）的解的存在性和唯一性. 条件 D1 和 D2 保证了 X 的平稳性，并且由 Kolmogorov 向前方程可得到 X 的平稳密度 $p(x)$ 为

$$p(x) = \frac{s(x)}{\int_l^u s(x)\,\mathrm{d}x} = \frac{\xi}{\sigma^2(x)} \exp\left\{\int_{x_0}^x \frac{2\mu(x)}{\sigma^2(x)}\mathrm{d}x\right\}$$

其中，ξ 为标准化常数，x_0 为 D 上任一点. 关于速度密度函数 $s(\cdot)$ 的详细介绍可参考 Karlin 和 Taylor（1981）.

条件 D3　设区间 $D = (l, u)$ 为过程 X 的状态空间，假设

$$\limsup_{x\to u}\left(\frac{\mu(x)}{\sigma(x)} - \frac{\sigma'(x)}{2}\right) < 0, \quad \limsup_{x\to l}\left(\frac{\mu(x)}{\sigma(x)} - \frac{\sigma'(x)}{2}\right) > 0$$

进一步，对某个 $a > \gamma/(2+\gamma)$，混合系数 $\alpha(k)$ 满足

$$\sum_{k\geqslant 1} k^a (\alpha(k))^{\gamma/(2+\gamma)} < \infty$$

其中，γ 与条件 D8 中的一致.

注 5.2　条件 D3 说明了过程 X 是 α-混合的（参考 Hansen 和 Scheinkman，1995）. 众所周知，在文献中使用的各种混合条件里，α-混合是相对比较弱的条件，并且许多随机过程都满足，其中包括许多我们熟悉的线性和非线性时间序列模型. 例如，读者可参考 Chen 和 Tsay(1993)，Masry 和 Tjøstheim（1995，1997）以及 Cai 和 Masry（2000）等.

条件 D4

（1）核函数 $K(\cdot)$ 是连续的概率密度函数并具有 $[-1, 1]$ 上的紧支撑.

（2）带宽 h 满足：当 $n\to\infty$ 时，$h\to 0$ 和 $nh\to\infty$.

注 5.3　条件 D4（1）是为了主要结果的证明简单而强加给核函数的，是可以去掉的，但这将导致冗长的证明. 特别地，Gauss 核函数是允许的.

条件 D5　过程 X 的密度函数 $p(x)$ 在点 x_0 处连续并满足 $p(x_0) > 0$. 并且，对任意 i，j，$X_{i\Delta}$ 和 $X_{j\Delta}$ 的联合密度有界.

条件 D6

（1）$\min\limits_{x} \beta_1(x) > 0$，并且 $\beta_1(\,\cdot\,)$ 在给定点 x_0 处连续；

（2）$\min\limits_{x} \beta_2(x) > 0$，并且 $\beta_2(\,\cdot\,)$ 在给定点 x_0 处连续.

条件 D7

（1）$E[\,\psi_1(u_{i\Delta}) \mid X_{i\Delta} = x\,] = 0$，其中，$u_{i\Delta} = \dfrac{X_{(i+1)\Delta} - X_{i\Delta}}{\Delta} - \mu(X_{i\Delta})$；

（2）$E[\,\psi_2(v_{i\Delta}) \mid X_{i\Delta} = x\,] = 0$，其中，$v_{i\Delta} = \dfrac{(X_{(i+1)\Delta} - X_{i\Delta})^2}{\Delta} - \sigma^2(X_{i\Delta})$.

条件 D8

（1）函数 $\psi_1(\,\cdot\,)$ 连续并且几乎处处具有导数 $\psi_1'(\,\cdot\,)$. 进一步，函数

$$E[\,\psi_1'(u_{i\Delta}) \mid X_{i\Delta} = x\,] > 0$$

$$E[\,\psi_1^2(u_{i\Delta}) \mid X_{i\Delta} = x\,] > 0$$

$$E[\,\psi_1'^2(u_{i\Delta}) \mid X_{i\Delta} = x\,] > 0$$

且在给定点 x_0 处连续. 并且存在 $\gamma > 0$ 使得

$$E[\,|\,\psi_1(u_{i\Delta})\,|^{2+\gamma} \mid X_{i\Delta} = x\,]$$

和

$$E[\,|\,\psi_1'(u_{i\Delta})\,|^{2+\gamma} \mid X_{i\Delta} = x\,]$$

在点 x_0 的某个邻域内有界.

（2）函数 $\psi_2(\,\cdot\,)$ 连续并且几乎处处具有导数 $\psi_2'(\,\cdot\,)$. 进一步，函数

$$E[\,\psi_2'(v_{i\Delta}) \mid X_{i\Delta} = x\,] > 0$$

$$E[\,\psi_2^2(v_{i\Delta}) \mid X_{i\Delta} = x\,] > 0$$

$$E[\,\psi_2'^2(v_{i\Delta}) \mid X_{i\Delta} = x\,] > 0$$

且在给定点 x_0 处连续. 并且存在 $\gamma > 0$ 使得

$$E\big[\,|\,\psi_2(v_{i\Delta})\,|^{2+\gamma}\,|\,X_{i\Delta} = x\,\big]$$

和

$$E\big[\,|\,\psi_2'(v_{i\Delta})\,|^{2+\gamma}\,|\,X_{i\Delta} = x\,\big]$$

在点 x_0 的某个邻域内有界.

条件 D9

（1）函数 $\psi_1'(\,\cdot\,)$ 在点 x_0 的某个邻域内的任意一点 x 处满足

$$E\big[\sup_{|z| \leq \delta}|\,\psi_1'(u_{i\Delta} + z) - \psi_1'(u_{i\Delta})\,|\,|\,X_{i\Delta} = x\,\big] = o(1),\ \delta \to 0$$

$$E\big[\sup_{|z| \leq \delta}|\,\psi_1(u_{i\Delta} + z) - \psi_1(u_{i\Delta}) - \psi_1'(u_{i\Delta})z\,|\,|\,X_{i\Delta} = x\,\big] = o(\delta),\ \delta \to 0$$

（2）函数 $\psi_2'(\,\cdot\,)$ 点在点 x_0 的某个邻域内任意一点 x 处满足

$$E\big[\sup_{|z| \leq \delta}|\,\psi_2'(v_{i\Delta} + z) - \psi_2'(v_{i\Delta})\,|\,|\,X_{i\Delta} = x\,\big] = o(1),\ \delta \to 0$$

$$E\big[\sup_{|z| \leq \delta}|\,\psi_2(v_{i\Delta} + z) - \psi_2(v_{i\Delta}) - \psi_2'(v_{i\Delta})z\,|\,|\,X_{i\Delta} = x\,\big] = o(\delta),\ \delta \to 0$$

条件 D10

（1）对任意的 $i,\ j$，设

$$E\big[\psi_1^2(u_{i\Delta}) + \psi_1^2(u_{j\Delta})\,|\,X_{i\Delta} = x,\ X_{j\Delta} = y\,\big]$$

和

$$E\big[\psi_1'^2(u_{i\Delta}) + \psi_1'^2(u_{j\Delta})\,|\,X_{i\Delta} = x,\ X_{j\Delta} = y\,\big]$$

在点 x_0 的某个邻域内有界；

（2）对任意的 $i,\ j$，设

$$E\left[\psi_2^2(v_{i\Delta}) + \psi_2^2(v_{j\Delta}) \mid X_{i\Delta} = x,\ X_{j\Delta} = y \right]$$

和

$$E\left[\psi_2'^2(v_{i\Delta}) + \psi_2'^2(v_{j\Delta}) \mid X_{i\Delta} = x,\ X_{j\Delta} = y \right]$$

在点 x_0 的某个邻域内有界.

注 5.4 本章对函数 $\psi_1(\cdot)$ 和 $\psi_2(\cdot)$ 施加的平滑条件 D7~D10 都是比较温和的，并且许多函数都满足这些条件. 特别地，对于 Huber 的 $\psi(\cdot)$ 函数是成立的. 有关这些条件的详细介绍可参考 Fan 和 Jiang（2000）或者 Cai 和 Ould-Saïd（2003）等.

条件 D11 假设存在一个正整数序列 q_n 使得当 $n\to\infty$ 时，有

$$q_n \to \infty\ ,\quad q_n = o((nh)^{1/2})\ ,\quad (n/h)^{1/2}\alpha(q_n) \to 0$$

注 5.5 条件 D3 和 D11 为混合系数 $\alpha(k)$ 要满足的条件. 由 Cai 和 Ould-Saïd（2003）的注解 3 可知，这些约束条件是可以被满足的.

条件 D12 存在 $\tau > 2+\gamma$，这里 γ 与条件 D8 中的一致，使得对点 x_0 的某个邻域内的所有的点 x，函数

$$E\{ |\ \psi_1(u_{i\Delta})\ |^{\tau} \mid X_{i\Delta} = x \}$$

和

$$E\{ |\ \psi_2(v_{i\Delta})\ |^{\tau} \mid X_{i\Delta} = x \}$$

有界，并且 $\alpha(n) = O(n^{-\theta})$，其中 $\theta \geqslant (2+\gamma)\tau/\{2(\tau - 2 - \gamma)\}$.

条件 D13 $n^{-\gamma/4}h^{(2+\gamma)/\tau - 1 - \gamma/4} = O(1)$，其中 γ 与条件 D8 中的一致，τ 与条件 D12 中的一致.

5.3 变带宽稳健估计量的渐近性质

在本章中，令

$$K_l = \int K(u)u^l \mathrm{d}u,\ l \geqslant 0$$

$$J_l = \int u^l K^2(u) \, du, \; l \geqslant 0$$

$$U_1 = \begin{pmatrix} K_0 & \dfrac{K_1}{\beta_1(x_0)} \\[3mm] \dfrac{K_1}{\beta_1(x_0)} & \dfrac{K_2}{\beta_1^2(x_0)} \end{pmatrix}$$

$$V_1 = \begin{pmatrix} J_0 & \dfrac{J_1}{\beta_1(x_0)} \\[3mm] \dfrac{J_1}{\beta_1(x_0)} & \dfrac{J_2}{\beta_1^2(x_0)} \end{pmatrix}$$

$$A_1 = \begin{pmatrix} K_2 \\[3mm] \dfrac{K_3}{\beta_1(x_0)} \end{pmatrix}$$

$$U_2 = \begin{pmatrix} K_0 & \dfrac{K_1}{\beta_2(x_0)} \\[3mm] \dfrac{K_1}{\beta_2(x_0)} & \dfrac{K_2}{\beta_2^2(x_0)} \end{pmatrix}$$

$$V_2 = \begin{pmatrix} J_0 & \dfrac{J_1}{\beta_2(x_0)} \\[3mm] \dfrac{J_1}{\beta_2(x_0)} & \dfrac{J_2}{\beta_2^2(x_0)} \end{pmatrix}$$

$$A_2 = \begin{pmatrix} K_2 \\[3mm] \dfrac{K_3}{\beta_2(x_0)} \end{pmatrix}$$

$$G_1(x) = E[\psi_1'(u_{i\Delta}) \mid X_{i\Delta} = x]$$

$$G_2(x) = E[\psi_1^2(u_{i\Delta}) \mid X_{i\Delta} = x]$$

$$G_3(x) = E[\psi_1'^2(u_{i\Delta}) \mid X_{i\Delta} = x]$$

$$H_1(x) = E[\psi_2'(v_{i\Delta}) \mid X_{i\Delta} = x]$$

$$H_2(x) = E[\psi_2^2(v_{i\Delta}) \mid X_{i\Delta} = x]$$

$$H_3(x) = E[\psi_2'^2(v_{i\Delta}) \mid X_{i\Delta} = x]$$

本章的主要结果如下：

定理 5.1 在条件 D1~D5 以及条件 D6(1)~D10(1)下，方程（5-2-5）有解 $\hat{\mu}(x_0)$ 和 $\hat{\mu}'(x_0)$，且有

(1)
$$\begin{pmatrix} \hat{\mu}(x_0) - \mu(x_0) \\ h(\hat{\mu}'(x_0) - \mu'(x_0)) \end{pmatrix} \xrightarrow{P} 0, \quad n \to \infty$$

(2) 进一步，若条件 D11~D13 成立，则

$$\sqrt{nh}\left[\begin{pmatrix} \hat{\mu}(x_0) - \mu(x_0) \\ h(\hat{\mu}'(x_0) - \mu'(x_0)) \end{pmatrix} - \frac{h^2\mu''(x_0)}{2\beta_1^2(x_0)}U_1^{-1}A_1\right] \xrightarrow{D} N(0, \Sigma_1)$$

其中

$$\Sigma_1 = \frac{G_2(x_0)\beta_1(x_0)}{G_1^2(x_0)p(x_0)}U_1^{-1}V_1U_1^{-1}$$

定理 5.2 在条件 D1~D5 以及条件 D6(2)~D10(2)下，方程（5-2-6）有解 $\hat{\sigma}^2(x_0)$ 和 $(\hat{\sigma}^2(x_0))'$，且有

(1)
$$\begin{pmatrix} \hat{\sigma}^2(x_0) - \sigma^2(x_0) \\ h((\hat{\sigma}^2(x_0))' - (\sigma^2(x_0))') \end{pmatrix} \xrightarrow{P} 0, \quad n \to \infty$$

(2) 进一步，若条件 D11~D13 成立，则

$$\sqrt{nh}\left[\begin{pmatrix} \hat{\sigma}^2(x_0) - \sigma^2(x_0) \\ h[(\hat{\sigma}^2(x_0))' - (\sigma^2(x_0))'] \end{pmatrix} - \frac{h^2(\sigma^2(x_0))''}{2\beta_2^2(x_0)}U_2^{-1}A_2\right] \xrightarrow{D} N(0, \Sigma_2)$$

其中

$$\Sigma_2 = \frac{H_2(x_0)\beta_2(x_0)}{H_1^2(x_0)p(x_0)}U_2^{-1}V_2U_2^{-1}$$

5.4 随机模拟

本节将通过数值模拟来检验变带宽局部 M-估计量在稳健性方面的表现. 具体做法是, 比较变带宽局部 M-估计量和 Nadaraya-Watson 估计量的均方根误差 (MSE). 令 $T=100$ 为观测时间间隔的长度, n 为样本容量, $\Delta=T/n$ 为观测时间频率, 模拟次数均为 5000 次. 本节只考虑漂移系数的估计量的稳健性表现, 并且为方便起见, 令扩散系数 $\sigma(\cdot)$ 为常数. 考虑由如下随机微分方程确定的扩散过程 X

$$\mathrm{d}X_t = (-X_t + 0.5\sqrt{1+X_t^2})\mathrm{d}t + 0.1\mathrm{d}B_t$$

并且利用 Euler-Maruyama 方法来逼近上述随机微分方程的数值解.

本节选取 Huber 函数

$$\psi_1(z) = \max\{-c,\ \min(c,\ z)\}$$

其中 $c=0.135$, 并选取均匀核函数, 即 $K(u)=\frac{1}{2}I(|u|\leqslant 1)$ 以及最优带宽 $h=h_{\mathrm{opt}}$, 即使得下述均方根误差达到最小的带宽:

$$\frac{1}{n}\sum_{i=1}^{n}(\hat{\mu}(x_i)-\mu(x_i))^2$$

其中, $\{x_i,\ i=1,\ 2,\ \cdots,\ n\}$ 是在 X_t 的样本轨道的取值区间上均匀选取得到的. 因为没有显式表达式, $\hat{\mu}(\cdot)$ 可通过迭代得到, 即对任意初始值 $\hat{\mu}_0(x)$, 有

$$\begin{pmatrix}\hat{\mu}_t(x)\\\hat{\mu}_t'(x)\end{pmatrix}=\begin{pmatrix}\hat{\mu}_{t-1}(x)\\\hat{\mu}_{t-1}'(x)\end{pmatrix}-[W_n(\hat{\mu}_{t-1}(x),\ \hat{\mu}_{t-1}'(x))]^{-1}\Psi_n(\hat{\mu}_{t-1}(x),\ \hat{\mu}_{t-1}'(x))$$

其中，$\hat{\mu}_{t-1}(x)$ 和 $\hat{\mu}'_{t-1}(x)$ 分别为 $\hat{\mu}'(x)$ 和 $\hat{\mu}(x)$ 的第 t 次迭代值，并有

$$W_n(a_1,b_1) = \left(\frac{\partial \Psi_n(a_1,b_1)}{\partial a_1}, \frac{\partial \Psi_n(a_1,b_1)}{\partial b_1} \right)$$

和

$$\Psi_n(a_1, b_1) = \sum_{i=1}^{n} \psi_1 \left(\frac{X_{(i+1)\Delta} - X_{i\Delta}}{\Delta} - a_1 - b_1(X_{i\Delta} - x) \right)$$

$$\beta_1(X_{i\Delta}) K \left(\frac{X_{i\Delta} - x}{h/\beta_1(X_{i\Delta})} \right) \begin{pmatrix} 1 \\ \dfrac{X_{i\Delta} - x}{h} \end{pmatrix}$$

当

$$\left\| \begin{pmatrix} \hat{\mu}_t(x) \\ \hat{\mu}'_t(x) \end{pmatrix} - \begin{pmatrix} \hat{\mu}_{t-1}(x) \\ \hat{\mu}'_{t-1}(x) \end{pmatrix} \right\| \leqslant 1 \times 10^{-4}$$

时，迭代程序停止.

图 5-1 给出了过程 X_t 的五个样本轨道. 表 5-1 给出了变带宽局部 M-估计量和 Nadaraya-Watson 估计量的均方根误差. 可以看到，变带宽局部 M-估计量的均方根误差比 Nadaraya-Watson 估计量的均方根误差要小，并且，它们的均方根误差都随着样本容量的增加而减小.

表 5-1 漂移函数 $\mu(\cdot)$ 的 Nadaraya-Watson 估计量的均方根误差（MSE_1）和变带宽局部 M-估计量的均方根误差（MSE_2）

样本容量 n	MSE_1	MSE_2
$n = 100$	0.0628	0.0667
$n = 500$	0.0042	0.0036
$n = 1000$	0.0023	0.0019
$n = 5000$	0.0014	0.0011
$n = 10000$	0.0012	0.0007

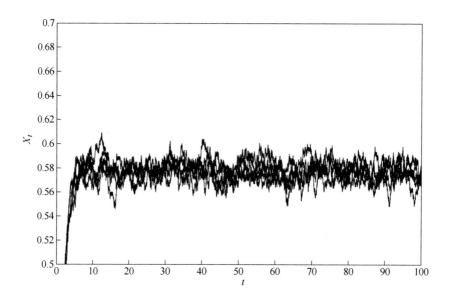

图 5-1   过程 X_t 的 5 个样本轨道

5.5   主要结果的证明

为了证明定理 5.1 和定理 5.2，本节给出如下引理.

引理 5.1   若条件 D1~D5 以及 D6(1)~D10(1) 成立，则有

$$\sum_{i=1}^{n} \psi_1'(u_{i\Delta})\beta_1(X_{i\Delta})K\left(\frac{X_{i\Delta}-x_0}{h/\beta_1(X_{i\Delta})}\right)(X_{i\Delta}-x_0)^l$$

$$= nh^{l+1}\frac{G_1(x_0)}{\beta_1^l(x_0)}p(x_0)K_l(1+o_p(1))$$

和

$$\sum_{i=1}^{n} \psi_1'(u_{i\Delta})R_1(X_{i\Delta})\beta_1(X_{i\Delta})K\left(\frac{X_{i\Delta}-x_0}{h/\beta_1(X_{i\Delta})}\right)(X_{i\Delta}-x_0)^l$$

$$= nh^{l+3}\frac{G_1(x_0)}{2\beta_1^{l+2}(x_0)}\mu''(x_0)p(x_0)K_{l+2}(1+o_p(1))$$

其中

$$R_1(X_{i\Delta}) = \mu(X_{i\Delta}) - \mu(x_0) - \mu'(x_0)(X_{i\Delta} - x_0)$$

引理 5.1 的证明

由于引理的第二部分与第一部分的证明类似，因此只证明第一部分.

令

$$Z_{n,i} = \psi_1'(u_{i\Delta})\beta_1(X_{i\Delta})K\left(\frac{X_{i\Delta} - x_0}{h/\beta_1(X_{i\Delta})}\right)(X_{i\Delta} - x_0)^l$$

由变量代换和 $\beta_1(\cdot)$，$K(\cdot)$，$G_1(\cdot)$ 以及 $p(\cdot)$ 在点 x_0 处的连续性，可得

$$E(Z_{n,1}) = \int G_1(x)\beta_1(x)K\left(\frac{x - x_0}{h/\beta_1(x)}\right)(x - x_0)^l p(x)\mathrm{d}x$$

$$= \int G_1(x_0 + yh)\beta_1(x_0 + yh)K(y\beta_1(x_0 + yh))(yh)^l p(x_0 + yh)h\mathrm{d}y$$

$$= h^{l+1}G_1(x_0)\beta_1(x_0)p(x_0)\int K(y\beta_1(x_0))y^l\mathrm{d}y(1 + o(1))$$

$$= h^{l+1}G_1(x_0)\frac{p(x_0)}{\beta_1^l(x_0)}\int K(u)u^l\mathrm{d}u(1 + o(1))$$

$$= h^{l+1}G_1(x_0)\frac{p(x_0)}{\beta_1^l(x_0)}K^l(1 + o(1))$$

因此有

$$E\left(\sum_{i=1}^n \psi_1'(u_{i\Delta})\beta_1(X_{i\Delta})K\left(\frac{X_{i\Delta} - x_0}{h/\beta_1(X_{i\Delta})}\right)(X_{i\Delta} - x_0)^l\right)$$

$$= nh^{l+1}G_1(x_0)\frac{p(x_0)}{\beta_1^l(x_0)}K^l(1 + o(1))$$

注意到

$$\sum_{i=1}^{n} Z_{n,i} = E\Big(\sum_{i=1}^{n} Z_{n,i}\Big) + O_p\Big(\sqrt{\mathrm{Var}\Big(\sum_{i=1}^{n} Z_{n,i}\Big)}\Big)$$

和

$$\mathrm{Var}\Big(\sum_{i=1}^{n} Z_{n,i}\Big) = nEZ_{n,1}^2 + 2\sum_{j=2}^{n}(n-j+1)\mathrm{Cov}(Z_{n,1}, Z_{n,j})$$

由变量代换和 $\beta_1(\cdot)$，$K(\cdot)$，$G_3(\cdot)$ 以及 $p(\cdot)$ 在点 x_0 处的连续性，可得

$$EZ_{n,1}^2 = \int G_3(x)\beta_1^2(x)K^2\Big(\frac{x-x_0}{h/\beta_1(x)}\Big)(x-x_0)^{2l}p(x)\mathrm{d}x$$

$$= \int G_3(x_0+yh)\beta_1^2(x_0+yh)K^2(y\beta_1(x_0+yh))(yh)^{2l}p(x_0+yh)h\mathrm{d}y$$

$$= h^{2l+1}G_3(x_0)\beta_1^2(x_0)p(x_0)\int K^2(y\beta_1(x_0))y^{2l}\mathrm{d}y(1+o(1))$$

$$= h^{2l+1}G_3(x_0)\beta_1^{1-2l}(x_0)p(x_0)\int K^2(u)u^{2l}\mathrm{d}u(1+o(1))$$

$$= O(h^{2l+1})$$

设 d_n 正整数序列，且满足：$d_n\to\infty$ 和 $hd_n\to0$. 则有

$$\sum_{j=2}^{n}|\mathrm{Cov}(Z_{n,1}, Z_{n,j})| = \sum_{j=2}^{d_n}|\mathrm{Cov}(Z_{n,1}, Z_{n,j})| + \sum_{j=d_n+1}^{n}|\mathrm{Cov}(Z_{n,1}, Z_{n,j})|$$

由条件 D6(1)，D10(1) 和 $K(\cdot)$ 的有界支撑假设，有

$$|EZ_{n,i}Z_{n,j}|$$

$$\leqslant E|Z_{n,i}Z_{n,j}|$$

$$= E\Big|E[\psi_1'(u_{i\Delta})\psi_1'(u_{j\Delta})|X_{i\Delta},X_{j\Delta}]\beta_1(X_{i\Delta})K\Big(\frac{X_{i\Delta}-x_0}{h/\beta_1(X_{i\Delta})}\Big)(X_{i\Delta}-x_0)^l \cdot$$

$$\beta_1(X_{j\Delta})K\left(\frac{X_{j\Delta}-x_0}{h/\beta_1(X_{j\Delta})}\right)(X_{j\Delta}-x_0)^l\Bigg|$$

$$\leqslant C_1 E\left|\beta_1(X_{i\Delta})K\left(\frac{X_{i\Delta}-x_0}{h/\beta_1(X_{i\Delta})}\right)(X_{i\Delta}-x_0)^l\beta_1(X_{j\Delta})K\left(\frac{X_{j\Delta}-x_0}{h/\beta_1(X_{j\Delta})}\right)(X_{j\Delta}-x_0)^l\right|$$

$$\leqslant C_2 h^{2l+2}$$

其中 C_1 和 C_2 为常数. 所以有

$$\sum_{j=2}^{d_n}|\operatorname{Cov}(Z_{n,1},Z_{n,j})|\leqslant C_2 h^{2l+2}\sum_{j=2}^{d_n}1=o(nh^{2l+1})$$

利用 Davydov 不等式,可得

$$|\operatorname{Cov}(Z_{n,1},Z_{n,j})|\leqslant C_3[\alpha(j-1)]^{\gamma/(2+\gamma)}(E|Z_{n,1}|^{2+\gamma})^{2/(2+\gamma)}$$

并且由条件 D8(1),有

$$E|Z_{n,i}|^{2+\gamma}=E\left|E[\psi_1'(u_{i\Delta})\mid X_{i\Delta}]\beta_1(X_{i\Delta})K\left(\frac{X_{i\Delta}-x_0}{h/\beta_1(X_{i\Delta})}\right)(X_{i\Delta}-x_0)^l\right|^{2+\gamma}$$

$$\leqslant C_4 E\left|\beta_1(X_{i\Delta})K\left(\frac{X_{i\Delta}-x_0}{h/\beta_1(X_{i\Delta})}\right)(X_{i\Delta}-x_0)^l\right|^{2+\gamma}$$

$$\leqslant C_5 h^{(2+\gamma)l+1}$$

其中 C_3, C_4 和 C_5 为常数. 因此, 利用条件 D3, 并且选取 d_n 使得

$$d_n^a h^{\gamma/(2+\gamma)}=O(1)$$

可得

$$\sum_{j=d_n+1}^n|\operatorname{Cov}(Z_{n,1},Z_{n,j})|$$

$$\leqslant C_6\sum_{j=d_n+1}^n[\alpha(j-1)]^{\gamma(2+\gamma)}(h^{(2+\gamma)l+1})^{2/(2+\gamma)}$$

$$= C_6 h^{2l+2/(2+\gamma)} \sum_{k=d_n}^{n} \left[\alpha(k) \right]^{\gamma(2+\gamma)}$$

$$\leq C_6 d_n^{-a} h^{2l+2/(2+\gamma)} \sum_{k=d_n}^{n} k^a \left[\alpha(k) \right]^{\gamma(2+\gamma)}$$

$$= o(nh^{2l+1})$$

其中 C_6 为常数.

综上, 有

$$\mathrm{Var}\left(\sum_{i=1}^{n} Z_{n,i} \right) = O(nh^{2l+1})$$

因此

$$\sum_{i=1}^{n} \psi_1'(u_{i\Delta}) \beta_1(X_{i\Delta}) K\left(\frac{X_{i\Delta} - x_0}{h/\beta_1(X_{i\Delta})} \right) (X_{i\Delta} - x_0)^l$$

$$= nh^{l+1} \frac{G_1(x_0)}{\beta_1^l(x_0)} p(x_0) K_l (1 + o_p(1))$$

证毕.

引理 5. 2　若条件 D1~D5 以及 D6(2)~D10(2)成立, 则有

$$\sum_{i=1}^{n} \psi_2'(v_{i\Delta}) \beta_2(X_{i\Delta}) K\left(\frac{X_{i\Delta} - x_0}{h/\beta_2(X_{i\Delta})} \right) (X_{i\Delta} - x_0)^l$$

$$= nh^{l+1} \frac{H_1(x_0)}{\beta_2^l(x_0)} p(x_0) K_l (1 + o_p(1))$$

和

$$\sum_{i=1}^{n} \psi_2'(v_{i\Delta}) R_2(X_{i\Delta}) \beta_2(X_{i\Delta}) K\left(\frac{X_{i\Delta} - x_0}{h/\beta_2(X_{i\Delta})} \right) (X_{i\Delta} - x_0)^l$$

$$= nh^{l+3} \frac{H_1(x_0)}{2\beta_2^{l+2}(x_0)} p(x_0) (\sigma^2(x_0))'' K_{l+2} (1 + o_p(1))$$

其中

$$R_2(X_{i\Delta}) = \sigma^2(X_{i\Delta}) - \sigma^2(x_0) - (\sigma^2)'(x_0)(X_{i\Delta} - x_0)$$

引理 5.2 的证明

证明方法与引理 5.1 类似，此处略.

引理 5.3　若条件 D1~D5，D6(1)~D8(1) 以及 D10(1)~D13 成立，则有

$$\frac{1}{\sqrt{nh}}\left(\begin{array}{c} \sum_{i=1}^{n}\psi_1(u_{i\Delta})\beta_1(X_{i\Delta})K\left(\dfrac{X_{i\Delta} - x_0}{h/\beta_1(X_{i\Delta})}\right) \\[3mm] \sum_{i=1}^{n}\psi_1(u_{i\Delta})\beta_1(X_{i\Delta})K\left(\dfrac{X_{i\Delta} - x_0}{h/\beta_1(X_{i\Delta})}\right)\dfrac{X_{i\Delta} - x_0}{h} \end{array}\right) \xrightarrow{D} N(0,\ \Sigma_3)$$

其中 $\Sigma_3 = G_2(x_0)p(x_0)\beta_1(x_0)V_1$.

引理 5.3 的证明

令

$$W_n = \sum_{i=1}^{n}W_{n,i} = \sum_{i=1}^{n}\psi_1(u_{i\Delta})\beta_1(X_{i\Delta})K\left(\frac{X_{i\Delta} - x_0}{h/\beta_1(X_{i\Delta})}\right)\left(\begin{array}{c} 1 \\[2mm] \dfrac{X_{i\Delta} - x_0}{h} \end{array}\right)$$

则由条件 D7(1)，可得 $EW_n = 0$，并且

$$\mathrm{Var}W_n = \mathrm{Var}\left(\sum_{i=1}^{n}W_{n,i}\right) = nEW_{n,1}^2 + 2\sum_{j=2}^{n}(n - j + 1)\mathrm{Cov}(W_{n,1},\ W_{n,j})$$

利用和证明引理 5.1 同样的方法，可得

$$\mathrm{Var}W_n = nhG_2(x)p(x_0)\beta_1(x_0)V_1(1 + o(1))$$

接下来，证明 $\dfrac{1}{\sqrt{nh}}W_n$ 渐近正态性，利用与 Cai 和 Ould-Saïd（2003）中的定

理 2 同样的方法可证. 证毕.

引理 5.4　若条件 D1~D5，D6(2)~D8(2) 以及 D10(2)~D13 成立，则有

$$\frac{1}{\sqrt{nh}}\begin{pmatrix}\sum_{i=1}^{n}\psi_2(v_{i\Delta})\beta_2(X_{i\Delta})K\left(\dfrac{X_{i\Delta}-x_0}{h/\beta_2(X_{i\Delta})}\right)\\\sum_{i=1}^{n}\psi_2(v_{i\Delta})\beta_2(X_{i\Delta})K\left(\dfrac{X_{i\Delta}-x_0}{h/\beta_2(X_{i\Delta})}\right)\dfrac{X_{i\Delta}-x_0}{h}\end{pmatrix}\xrightarrow{D}N(0,\ \Sigma_4)$$

其中 $\Sigma_4 = H_2(x_0)p(x_0)\beta_2(x_0)V_2$.

引理 5.4 的证明

证明方法与引理 5.3 类似，此处略.

定理 5.1 的证明

（1）首先证明局部变带宽 M-估计量 $\mu(x)$ 和 $\mu'(x)$ 的相合性. 令

$$r = (a_1,\ hb_1)^T,\ r_0 = (\mu(x_0),\ h\mu'(x_0))^T,\ r_{i\Delta} = (r-r_0)^T\begin{pmatrix}1\\\dfrac{X_{i\Delta}-x_0}{h}\end{pmatrix}$$

和

$$L_n(r) = \sum_{i=1}^{n}\rho_1\left(\frac{X_{(i+1)\Delta}-X_{i\Delta}}{\Delta}-a_1-b_1(X_{i\Delta}-x_0)\right)\beta_1(X_{i\Delta})K\left(\frac{X_{i\Delta}-x_0}{h/\beta_1(X_{i\Delta})}\right)$$

则可得

$$r_{i\Delta} = (r-r_0)^T\begin{pmatrix}1\\\dfrac{X_{i\Delta}-x_0}{h}\end{pmatrix}$$

$$= (a_1-\mu(x_0),\ hb_1-h\mu'(x_0))\begin{pmatrix}1\\\dfrac{X_{i\Delta}-x_0}{h}\end{pmatrix}$$

$$= a_1 - \mu(x_0) + (hb_1 - h\mu'(x_0)) \frac{X_{i\Delta} - x_0}{h}$$

$$= a_1 - \mu(x_0) + (b_1 - \mu'(x_0))(X_{i\Delta} - x_0)$$

$$= a_1 + b_1(X_{i\Delta} - x_0) - \mu(x_0) - \mu'(x_0)(X_{i\Delta} - x_0)$$

$$= a_1 + b_1(X_{i\Delta} - x_0) + R_1(X_{i\Delta}) - \mu(X_{i\Delta})$$

$$= a_1 + b_1(X_{i\Delta} - x_0) + R_1(X_{i\Delta}) - \left(\frac{X_{(i+1)\Delta} - X_{i\Delta}}{\Delta} - u_{i\Delta} \right)$$

设 S_δ 为以 r_0 为中心半径为 δ 的圆. 因此只需证明对任意小的 δ, 有

$$\lim_{n \to \infty} P \left\{ \inf_{r \in S_\delta} L_n(r) > L_n(r_0) \right\} = 1 \tag{5-5-1}$$

事实上, 对 $r \in S_\delta$, 有

$$L_n(r) - L_n(r_0)$$

$$= \sum_{i=1}^{n} \rho_1 \left(\frac{X_{(i+1)\Delta} - X_{i\Delta}}{\Delta} - a_1 - b_1(X_{i\Delta} - x_0) \right) \beta_1(X_{i\Delta}) K \left(\frac{X_{i\Delta} - x_0}{h/\beta_1(X_{i\Delta})} \right) -$$

$$\sum_{i=1}^{n} \rho_1 \left(\frac{X_{(i+1)\Delta} - X_{i\Delta}}{\Delta} - \mu(x_0) - \mu'(x_0)(X_{i\Delta} - x_0) \right) \beta_1(X_{i\Delta}) K \left(\frac{X_{i\Delta} - x_0}{h/\beta_1(X_{i\Delta})} \right)$$

$$= \sum_{i=1}^{n} \beta_1(X_{i\Delta}) K \left(\frac{X_{i\Delta} - x_0}{h/\beta_1(X_{i\Delta})} \right) \left[\rho_1(u_{i\Delta} + R_1(X_{i\Delta}) - r_{i\Delta}) - \rho_1(u_{i\Delta} + R_1(X_{i\Delta})) \right]$$

$$= \sum_{i=1}^{n} \beta_1(X_{i\Delta}) K \left(\frac{X_{i\Delta} - x_0}{h/\beta_1(X_{i\Delta})} \right) \int_{u_{i\Delta} + R_1(X_{i\Delta})}^{u_{i\Delta} + R_1(X_{i\Delta}) - r_{i\Delta}} \psi_1(t) \, dt$$

$$= \sum_{i=1}^{n} \beta_1(X_{i\Delta}) K \left(\frac{X_{i\Delta} - x_0}{h/\beta_1(X_{i\Delta})} \right) \int_{u_{i\Delta} + R_1(X_{i\Delta})}^{u_{i\Delta} + R_1(X_{i\Delta}) - r_{i\Delta}} \psi_1(u_{i\Delta}) \, dt +$$

$$\sum_{i=1}^{n} \beta_1(X_{i\Delta}) K \left(\frac{X_{i\Delta} - x_0}{h/\beta_1(X_{i\Delta})} \right) \int_{u_{i\Delta} + R_1(X_{i\Delta})}^{u_{i\Delta} + R_1(X_{i\Delta}) - r_{i\Delta}} \psi'_1(u_{i\Delta})(t - u_{i\Delta}) \, dt +$$

$$\sum_{i=1}^{n} \beta_1(X_{i\Delta}) K\left(\frac{X_{i\Delta} - x_0}{h/\beta_1(X_{i\Delta})}\right) \int_{u_{i\Delta}+R_1(X_{i\Delta})}^{u_{i\Delta}+R_1(X_{i\Delta})-r_{i\Delta}} \left[\psi_1(t) - \psi_1(u_{i\Delta}) - \psi_1'(u_{i\Delta})(t - u_{i\Delta})\right] dt$$

$$= L_{n1} + L_{n2} + L_{n3}$$

接下来，证明

$$L_{n1} = o_p(nh\delta) \tag{5-5-2}$$

$$L_{n2} = \frac{nh}{2}(r - r_0)^T G_1(x_0) p(x_0) U_1 (1 + o_p(1))(r - r_0) + O_p(nh^3\delta) \tag{5-5-3}$$

$$L_{n3} = o_p(nh\delta^2) \tag{5-5-4}$$

对式 (5-5-2)，有

$$L_{n1} = \sum_{i=1}^{n} \beta_1(X_{i\Delta}) K\left(\frac{X_{i\Delta} - x_0}{h/\beta_1(X_{i\Delta})}\right) \int_{u_{i\Delta}+R_1(X_{i\Delta})}^{u_{i\Delta}+R_1(X_{i\Delta})-r_{i\Delta}} \psi_1(u_{i\Delta}) dt$$

$$= \sum_{i=1}^{n} \beta_1(X_{i\Delta}) K\left(\frac{X_{i\Delta} - x_0}{h/\beta_1(X_{i\Delta})}\right) \psi_1(u_{i\Delta})(-r_{i\Delta})$$

$$= -(r - r_0)^T \sum_{i=1}^{n} \beta_1(X_{i\Delta}) K\left(\frac{X_{i\Delta} - x_0}{h/\beta_1(X_{i\Delta})}\right) \psi_1(u_{i\Delta}) \begin{pmatrix} 1 \\ \dfrac{X_{i\Delta} - x_0}{h} \end{pmatrix}$$

$$= -(r - r_0)^T W_n$$

其中

$$W_n = \sum_{i=1}^{n} W_{n,i} = \sum_{i=1}^{n} \psi_1(u_{i\Delta}) \beta_1(X_{i\Delta}) K\left(\frac{X_{i\Delta} - x_0}{h/\beta_1(X_{i\Delta})}\right) \begin{pmatrix} 1 \\ \dfrac{X_{i\Delta} - x_0}{h} \end{pmatrix}$$

由引理 5.3 的证明过程可知，$EW_n = 0$，并有

$$\mathrm{Var}W_n = nhG_2(x)p(x_0)\beta_1(x_0)V_1(1 + o(1))$$

注意到

$$W_n = \sum_{i=1}^n W_{n,\,i} = E\Big(\sum_{i=1}^n W_{n,\,i}\Big) + O_p\Big(\sqrt{\mathrm{Var}\Big(\sum_{i=1}^n W_{n,\,i}\Big)}\,\Big)$$

因此，有 $W_n = O_p(\sqrt{nh})$，这意味着式（5-5-2）成立.

对式（5-5-3），有

$$L_{n2} = \sum_{i=1}^n \beta_1(X_{i\Delta})K\Big(\frac{X_{i\Delta} - x_0}{h/\beta_1(X_{i\Delta})}\Big)\int_{u_{i\Delta}+R_1(X_{i\Delta})}^{u_{i\Delta}+R_1(X_{i\Delta})-r_{i\Delta}}\big[\psi_1'(u_{i\Delta})(t - u_{i\Delta})\big]\mathrm{d}t$$

$$= \frac{1}{2}\sum_{i=1}^n \beta_1(X_{i\Delta})K\Big(\frac{X_{i\Delta} - x_0}{h/\beta_1(X_{i\Delta})}\Big)\psi_1'(u_{i\Delta})(r_{i\Delta}^2 - 2R_1(X_{i\Delta})r_{i\Delta})$$

$$= \frac{1}{2}\sum_{i=1}^n \beta_1(X_{i\Delta})K\Big(\frac{X_{i\Delta} - x_0}{h/\beta_1(X_{i\Delta})}\Big)\psi_1'(u_{i\Delta})(r - r_0)^T.$$

$$\begin{pmatrix} 1 & \dfrac{X_{i\Delta} - x_0}{h} \\[2ex] \dfrac{X_{i\Delta} - x_0}{h} & \dfrac{(X_{i\Delta} - x_0)^2}{h^2} \end{pmatrix}(r - r_0) -$$

$$\sum_{i=1}^n \beta_1(X_{i\Delta})K\Big(\frac{X_{i\Delta} - x_0}{h/\beta_1(X_{i\Delta})}\Big)\psi_1'(u_{i\Delta})R_1(X_{i\Delta})r_{i\Delta}$$

$$= L_{n21} + L_{n22}$$

由引理 5.1，分别令 $l=0$，$l=1$ 和 $l=2$，得

$$L_{n21} = \frac{1}{2}\sum_{i=1}^n \beta_1(X_{i\Delta})K\Big(\frac{X_{i\Delta} - x_0}{h/\beta_1(X_{i\Delta})}\Big)\psi_1'(u_{i\Delta})(r - r_0)^T.$$

$$\begin{pmatrix} 1 & \dfrac{X_{i\Delta} - x_0}{h} \\[3mm] \dfrac{X_{i\Delta} - x_0}{h} & \dfrac{(X_{i\Delta} - x_0)^2}{h^2} \end{pmatrix} (r - r_0)$$

$$= \frac{nh}{2} (r - r_0)^T G_1(x_0) p(x_0) \begin{pmatrix} K_0 & \dfrac{K_1}{\beta_1(x_0)} \\[3mm] \dfrac{K_1}{\beta_1(x_0)} & \dfrac{K_2}{\beta_1^2(x_0)} \end{pmatrix} (1 + o_p(1)) (r - r_0)$$

$$= \frac{nh}{2} (r - r_0)^T G_1(x_0) p(x_0) U_1 (1 + o_p(1)) (r - r_0)$$

以及

$$L_{n22} = - \sum_{i=1}^n \beta_1(X_{i\Delta}) K\left(\frac{X_{i\Delta} - x_0}{h/\beta_1(X_{i\Delta})} \right) \psi_1'(u_{i\Delta}) R_1(X_{i\Delta}) r_{i\Delta}$$

$$= - (r - r_0)^T \sum_{i=1}^n \beta_1(X_{i\Delta}) K\left(\frac{X_{i\Delta} - x_0}{h/\beta_1(X_{i\Delta})} \right) \psi_1'(u_{i\Delta}) R_1(X_{i\Delta}) \begin{pmatrix} 1 \\[3mm] \dfrac{X_{i\Delta} - x_0}{h} \end{pmatrix}$$

$$= - \frac{nh^3}{2} (r - r_0)^T G_1(x_0) \mu''(x_0) p(x_0) \begin{pmatrix} \dfrac{K_2}{\beta_1^2(x_0)} \\[3mm] \dfrac{K_3}{\beta_1^3(x_0)} \end{pmatrix} (1 + o_p(1))$$

$$= O_p(nh^3 \delta)$$

因此可得

$$L_{n2} = L_{n21} + L_{n22}$$

$$= \frac{nh}{2}(r - r_0)^T G_1(x_0) p(x_0) U_1(1 + o_p(1))(r - r_0) + O_p(nh^3\delta)$$

对式（5-5-4），由积分中值定理得

$$L_{n3} = \sum_{i=1}^n \beta_1(X_{i\Delta}) K\left(\frac{X_{i\Delta} - x_0}{h/\beta_1(X_{i\Delta})}\right) \int_{u_{i\Delta}+R_1(X_{i\Delta})}^{u_{i\Delta}+R_1(X_{i\Delta})-r_{i\Delta}} \cdot$$

$$[\psi_1(t) - \psi_1(u_{i\Delta}) - \psi_1'(u_{i\Delta})(t - u_{i\Delta})]\mathrm{d}t$$

$$= \sum_{i=1}^n \beta_1(X_{i\Delta}) K\left(\frac{X_{i\Delta} - x_0}{h/\beta_1(X_{i\Delta})}\right) \int_{R_1(X_{i\Delta})}^{R_1(X_{i\Delta})-r_{i\Delta}} [\psi_1(t + u_{i\Delta}) - \psi_1(u_{i\Delta}) - \psi_1'(u_{i\Delta})t]\mathrm{d}t$$

$$= \sum_{i=1}^n \beta_1(X_{i\Delta}) K\left(\frac{X_{i\Delta} - x_0}{h/\beta_1(X_{i\Delta})}\right) [\psi_1(z_{i\Delta} + u_{i\Delta}) - \psi_1(u_{i\Delta}) - \psi_1'(u_{i\Delta})z_{i\Delta}](-r_{i\Delta})$$

$$= -(r - r_0)^T \sum_{i=1}^n \beta_1(X_{i\Delta}) K\left(\frac{X_{i\Delta} - x_0}{h/\beta_1(X_{i\Delta})}\right) \cdot$$

$$[\psi_1(z_{i\Delta} + u_{i\Delta}) - \psi_1(u_{i\Delta}) - \psi_1'(u_{i\Delta})z_{i\Delta}]\begin{pmatrix} 1 \\ \dfrac{X_{i\Delta} - x_0}{h} \end{pmatrix}$$

其中 $z_{i\Delta}$，$i = 1, 2, \cdots, n$，介于 $R_1(X_{i\Delta})$ 和 $R_1(X_{i\Delta}) - r_{i\Delta}$ 之间．又由于

$$|X_{i\Delta} - x_0| \leqslant \frac{h}{\min_x \beta_1(x)}$$

所以有

$$\max_i |z_{i\Delta}| \leqslant \max_i |R_1(X_{i\Delta})| + \left| (r - r_0)^T \begin{pmatrix} 1 \\ \dfrac{X_{i\Delta} - x_0}{h} \end{pmatrix} \right|$$

$$\leqslant \max_i |R_1(X_{i\Delta})| + \left(1 + \frac{1}{\min_x \beta_1(x)}\right)\delta \qquad (5\text{-}5\text{-}5)$$

所以由泰勒展开式得

$$\max_i |R_1(X_{i\Delta})| = \max_i |\mu(X_{i\Delta}) - \mu(x_0) - \mu'(x_0)(X_{i\Delta} - x_0)|$$

$$= \max_i \left|\frac{1}{2}\mu''(\xi_i)(X_{i\Delta} - x_0)^2\right|$$

$$\leqslant O_p(h^2) \qquad (5\text{-}5\text{-}6)$$

其中 ξ_i, $i = 1, 2, \cdots, n$, 介于 $X_{i\Delta}$ 和 x_0 之间. 对任意给定的 $\eta > 0$, 令

$$D_\eta = \{(\delta_{1\Delta}, \delta_{2\Delta}, \cdots, \delta_{n\Delta})^T : |\delta_{i\Delta}| \leqslant \eta, \ \forall i \leqslant n\}$$

由条件 D9 (1) 以及 $|X_{i\Delta} - x_0| \leqslant \dfrac{h}{\min\limits_x \beta_1(x)}$, 得

$$E\left[\sup_{D_\eta}\left|\sum_{i=1}^n [\psi_1(\delta_{i\Delta} + u_{i\Delta}) - \psi_1(u_{i\Delta}) - \psi_1'(u_{i\Delta})\delta_{i\Delta}]\beta_1(X_{i\Delta})K\left(\frac{X_{i\Delta} - x_0}{h/\beta_1(X_{i\Delta})}\right)(X_{i\Delta} - x_0)^l\right|\right]$$

$$\leqslant E\left[\sum_{i=1}^n \sup_{D_\eta} |\psi_1(\delta_{i\Delta} + u_{i\Delta}) - \psi_1(u_{i\Delta}) - \psi_1'(u_{i\Delta})\delta_{i\Delta}|\beta_1(X_{i\Delta}) \cdot\right.$$

$$\left. K\left(\frac{X_{i\Delta} - x_0}{h/\beta_1(X_{i\Delta})}\right)|X_{i\Delta} - x_0|^l\right]$$

$$\leqslant a_\eta \delta E\left[\sum_{i=1}^n \beta_1(X_{i\Delta})K\left(\frac{X_{i\Delta} - x_0}{h/\beta_1(X_{i\Delta})}\right)|X_{i\Delta} - x_0|^l\right]$$

$$\leqslant b_\eta \delta$$

其中, a_η 和 b_η 是两个正数序列, 并且当 $\eta \to 0$ 时也趋向于零. 因此, 由式 (5-5-5) 和式 (5-5-6) 得

$$\sum_{i=1}^{n} \left[\psi_1(z_{i\Delta} + u_{i\Delta}) - \psi_1(u_{i\Delta}) - \psi_1'(u_{i\Delta}) z_{i\Delta} \right] \beta_1(X_{i\Delta}) K\left(\frac{X_{i\Delta} - x_0}{h/\beta_1(X_{i\Delta})} \right) (X_{i\Delta} - x_0)^l$$

$$= o_p(nh^{l+1}\delta)$$

这可得式（5-5-4）成立.

设 λ 为正定矩阵 U_1 的最小值，则对 $r \in S_\delta$，有

$$L_n(r) - L_n(r_0)$$

$$= L_{n1} + L_{n2} + L_{n3}$$

$$= \frac{nh}{2} G_1(x_0) p(x_0) (r - r_0)^T U_1(r - r_0)(1 + o_p(1)) + O_p(nh^3\delta)$$

$$\geqslant \frac{nh}{2} G_1(x_0) p(x_0) \lambda \delta^2 (1 + o_p(1)) + O_p(nh^3\delta)$$

因此当 $n \to \infty$ 时，有

$$P\left\{ \inf_{r \in S_\delta} L_n(r) - L_n(r_0) > \frac{nh}{2} G_1(x_0) p(x_0) \lambda \delta^2 > 0 \right\} \to 1$$

即式（5-5-1）成立. 由式（5-5-1）可知，$L_n(r)$ 在 S_δ 内部有局部最小值，所以方程（5-2-5）有解. 令 $(\hat{\mu}(x_0), h\hat{\mu}'(x_0))^T$ 为与 $r_0 = (\mu(x_0), h\mu'(x_0))^T$ 最近的解，则

$$\lim_{n \to \infty} P\{ (\hat{\mu}(x_0) - \mu(x_0))^2 + h^2(\hat{\mu}'(x_0) - \mu'(x_0))^2 \leqslant \delta^2 \} = 1$$

这就证明了局部变带宽 M-估计量 $\mu(x)$ 和 $\mu'(x)$ 的相合性.

（2）下面证明局部变带宽 M-估计量 $\mu(x)$ 和 $\mu'(x)$ 渐近正态性. 令

$$\hat{\eta}_{i\Delta} = R_1(X_{i\Delta}) - (\hat{\mu}(x_0) - \mu(x_0)) - (\hat{\mu}'(x_0) - \mu'(x_0))(X_{i\Delta} - x_0)$$

$$(5\text{-}5\text{-}7)$$

因此有

$$\frac{X_{(i+1)\Delta} - X_{i\Delta}}{\Delta}$$

$$= \mu(X_{i\Delta}) + u_{i\Delta}$$

$$= u_{i\Delta} + \mu(X_{i\Delta}) - \mu(x_0) - \mu'(x_0)(X_{i\Delta} - x_0) + \mu(x_0) + \mu'(x_0)(X_{i\Delta} - x_0)$$

$$= u_{i\Delta} + R_1(X_{i\Delta}) + \hat{\mu}(x_0) + \hat{\mu}'(x_0)(X_{i\Delta} - x_0) + \hat{\eta}_{i\Delta} - R_1(X_{i\Delta})$$

$$= \hat{\mu}(x_0) + \hat{\mu}'(x_0)(X_{i\Delta} - x_0) + u_{i\Delta} + \hat{\eta}_{i\Delta}$$

所以由式（5-2-5）可得

$$\sum_{i=1}^{n} \psi_1(u_{i\Delta} + \hat{\eta}_{i\Delta})\beta_1(X_{i\Delta})K\left(\frac{X_{i\Delta} - x}{h/\beta_1(X_{i\Delta})}\right)\begin{pmatrix} 1 \\ \dfrac{X_{i\Delta} - x}{h} \end{pmatrix} = 0 \qquad (5\text{-}5\text{-}8)$$

令

$$T_{n1} = \sum_{i=1}^{n} \psi_1(u_{i\Delta})\beta_1(X_{i\Delta})K\left(\frac{X_{i\Delta} - x}{h/\beta_1(X_{i\Delta})}\right)\begin{pmatrix} 1 \\ \dfrac{X_{i\Delta} - x}{h} \end{pmatrix} = W_n$$

$$T_{n2} = \sum_{i=1}^{n} \psi_1'(u_{i\Delta})\hat{\eta}_{i\Delta}\beta_1(X_{i\Delta})K\left(\frac{X_{i\Delta} - x}{h/\beta_1(X_{i\Delta})}\right)\begin{pmatrix} 1 \\ \dfrac{X_{i\Delta} - x}{h} \end{pmatrix}$$

$$T_{n3} = \sum_{i=1}^{n} \left[\psi_1(u_{i\Delta} + \hat{\eta}_{i\Delta}) - \psi_1(u_{i\Delta}) - \psi_1'(u_{i\Delta})\hat{\eta}_{i\Delta}\right]\beta_1(X_{i\Delta})K\left(\frac{X_{i\Delta} - x}{h/\beta_1(X_{i\Delta})}\right) \cdot$$

$$\begin{pmatrix} 1 \\ \dfrac{X_{i\Delta} - x}{h} \end{pmatrix}$$

则由式 (5-5-8) 可得

$$T_{n1} + T_{n2} + T_{n3} = 0$$

另外，由式 (5-5-7) 和引理 5.1，有

$$T_{n2} = \sum_{i=1}^{n} \psi_1'(u_{i\Delta}) R_1(X_{i\Delta}) \beta_1(X_{i\Delta}) K\left(\frac{X_{i\Delta} - x}{h/\beta_1(X_{i\Delta})}\right) \begin{pmatrix} 1 \\ \dfrac{X_{i\Delta} - x}{h} \end{pmatrix} -$$

$$\sum_{i=1}^{n} \psi_1'(u_{i\Delta}) \beta_1(X_{i\Delta}) K\left(\frac{X_{i\Delta} - x}{h/\beta_1(X_{i\Delta})}\right) \cdot$$

$$\begin{pmatrix} (\hat{\mu}(x_0) - \mu(x_0)) + (\hat{\mu}'(x_0) - \mu'(x_0))(X_{i\Delta} - x_0) \\ \dfrac{X_{i\Delta} - x}{h}[(\hat{\mu}(x_0) - \mu(x_0)) + (\hat{\mu}'(x_0) - \mu'(x_0))(X_{i\Delta} - x_0)] \end{pmatrix}$$

$$= \sum_{i=1}^{n} \psi_1'(u_{i\Delta}) R_1(X_{i\Delta}) \beta_1(X_{i\Delta}) K\left(\frac{X_{i\Delta} - x}{h/\beta_1(X_{i\Delta})}\right) \begin{pmatrix} 1 \\ \dfrac{X_{i\Delta} - x}{h} \end{pmatrix} -$$

$$\sum_{i=1}^{n} \psi_1'(u_{i\Delta}) \beta_1(X_{i\Delta}) K\left(\frac{X_{i\Delta} - x}{h/\beta_1(X_{i\Delta})}\right) \begin{pmatrix} 1 & \dfrac{X_{i\Delta} - x}{h} \\ \dfrac{X_{i\Delta} - x}{h} & \dfrac{(X_{i\Delta} - x)^2}{h^2} \end{pmatrix} \begin{pmatrix} \hat{\mu}(x_0) - \mu(x_0) \\ h(\hat{\mu}'(x_0) - \mu'(x_0)) \end{pmatrix}$$

$$= \frac{nh^3}{2} G_1(x_0) \mu''(x_0) p(x_0) \begin{pmatrix} \dfrac{K_2}{\beta_1^2(x_0)} \\ \dfrac{K_3}{\beta_1^3(x_0)} \end{pmatrix} (1 + o_p(1)) -$$

$$
nhG_1(x_0)p(x_0)
\begin{pmatrix}
K_0 & \dfrac{K_1}{\beta_1(x_0)} \\[3mm]
\dfrac{K_1}{\beta_1(x_0)} & \dfrac{K_2}{\alpha^2(x_0)}
\end{pmatrix}
(1 + o_p(1))
\begin{pmatrix}
\hat{\mu}(x_0) - \mu(x_0) \\[3mm]
h(\hat{\mu}'(x_0) - \mu'(x_0))
\end{pmatrix}
$$

$$
= \frac{nh^3 G_1(x_0)\mu''(x_0)p(x_0)}{2\beta_1^2(x_0)}A_1(1 + o_p(1)) -
$$

$$
nhG_1(x_0)p(x_0)U_1(1 + o_p(1))
\begin{pmatrix}
\hat{\mu}(x_0) - \mu(x_0) \\[3mm]
h(\hat{\mu}'(x_0) - \mu'(x_0))
\end{pmatrix}
$$

$$
= T_{n21} + T_{n22}
$$

注意到 $|X_{i\Delta} - x_0| \leqslant \dfrac{h}{\min\limits_{x}\beta_1(x)}$ ，由 $(\hat{\mu}(x_0), h\hat{\mu}'(x_0))$ 的相合性，可得

$$
\sup_i |\hat{\eta}_{i\Delta}| = \sup_i |R_1(X_{i\Delta}) - (\hat{\mu}(x_0) - \mu(x_0)) - (\hat{\mu}'(x_0) - \mu'(x_0))(X_{i\Delta} - x_0)|
$$

$$
\leqslant \sup_i |R_1(X_{i\Delta})| + |\hat{\mu}(x_0) - \mu(x_0)| + \frac{h}{\min\limits_{x}\beta_1(x)}|\hat{\mu}'(x_0) - \mu'(x_0)|
$$

$$
= o_p(h^2 + (\hat{\mu}(x_0) - \mu(x_0)) + h(\hat{\mu}'(x_0) - \mu'(x_0)))
$$

$$
= o_p(1)
$$

因此，由条件 D9(1) 以及第一部分的证明过程，可得

$$
T_{n3} = \sum_{i=1}^{n}[\psi_1(u_{i\Delta} + \hat{\eta}_{i\Delta}) - \psi_1(u_{i\Delta}) - \psi_1'(u_{i\Delta})\hat{\eta}_{i\Delta}]\beta_1(X_{i\Delta})K\!\left(\frac{X_{i\Delta} - x}{h/\beta_1(X_{i\Delta})}\right) \cdot
$$

$$
\begin{pmatrix}
1 \\[3mm]
\dfrac{X_{i\Delta} - x}{h}
\end{pmatrix}
$$

$$= o_p(nh)\left[h^2 + (\hat{\mu}(x_0) - \mu(x_0)) + h(\hat{\mu}'(x_0) - \mu'(x_0))\right]$$

$$= o_p(T_{n22})$$

所以，由 $T_{n1} + T_{n2} + T_{n3} = 0$，有

$$\begin{pmatrix} \hat{\mu}(x_0) - \mu(x_0) \\ h(\hat{\mu}'(x_0) - \mu'(x_0)) \end{pmatrix}$$

$$= \frac{1}{nh}G_1^{-1}(x_0)p^{-1}(x_0)U_1^{-1}(1 + o_p(1))W_n + \frac{h^2}{2\beta_1^2(x_0)}\mu''(x_0)U_1^{-1}A_1(1 + o_p(1))$$

即有

$$\sqrt{nh}\left[\begin{pmatrix} \hat{\mu}(x_0) - \mu(x_0) \\ h(\hat{\mu}'(x_0) - \mu'(x_0)) \end{pmatrix} - \frac{h^2\mu''(x_0)}{2\beta_1^2(x_0)}U_1^{-1}A_1(1 + o_p(1))\right]$$

$$= G_1^{-1}(x_0)p^{-1}(x_0)U_1^{-1}(1 + o_p(1))\frac{1}{\sqrt{nh}}W_n$$

因此，由引理 5.3 以及 Slutsky 定理可得

$$\sqrt{nh}\left[\begin{pmatrix} \hat{\mu}(x_0) - \mu(x_0) \\ h(\hat{\mu}'(x_0) - \mu'(x_0)) \end{pmatrix} - \frac{h^2\mu''(x_0)}{2\beta_1^2(x_0)}U_1^{-1}A_1\right]$$

$$\xrightarrow{\text{D}} G_1^{-1}(x_0)p^{-1}(x_0)U_1^{-1}N(0,\ \Sigma_3)$$

$$= N\left(0,\ \frac{G_2(x_0)\beta_1(x_0)}{G_1^2(x_0)p(x_0)}U_1^{-1}V_1U_1^{-1}\right)$$

$$= N(0, \ \Sigma_1)$$

证毕.

定理 5.2 的证明

利用引理 5.2 和引理 5.4，本定理的证明与定理 5.1 类似，此处略.

6 跳扩散过程的局部极大似然型估计

6.1 跳扩散模型和稳健估计

自从 1970 年 Merton 的开创性工作之后，连续时间模型在金融和经济领域中已被证明是非常有用的工具. 连续时间扩散过程被广泛应用在金融领域来建模金融证券的随机动态性. 一维的扩散过程 X 常常由如下随机微分方程来确定：

$$\mathrm{d}X_t = \mu(X_t)\,\mathrm{d}t + \sigma(X_t)\,\mathrm{d}B_t \tag{6-1-1}$$

其中，$\{B_t,\ t \geq 0\}$ 为标准布朗运动，$\mu(\cdot)$ 和 $\sigma(\cdot)$ 为漂移函数和扩散函数，即无穷小均值函数和无穷方差函数. 尽管扩散过程的样本轨道是连续的，在很多情况下（例如，利息率）只能在离散的时刻观察到. 到目前为止，估计离散采样的连续扩散过程已经有很多学者进行了研究. 例如，Bibby 和 Sørensen（1995），Bibby 等人（2002），Aït-Sahalia（2002），Tang 和 Chen（2009）以及 Bandi 和 Phillips（2003），Comte 等人（2007），Fan 和 Zhang（2003）等.

然而，具有纯粹连续样本轨道的扩散模型有时不能很好的拟合真实的数据，并且连续时间扩散模型已被证明不能充分描述许多金融资产的行为，相关文献如 Andersen 等人（2002），Das（2002），Eraker 等人（2003），Barndorff-Nielsen 和 Shephard（2006）等中已有说明. 因此，带跳的随机过程已在各个领域中频繁使用. 自从开创性的论文 Merton（1976a，1976b）引入跳扩散模型来拟合期权价格和股票价格的动态之后，有着不连续样本轨道的连续时间过程断断续续的在金融和经济学文献出现. 最近的证据表明，对金融时间序列而言，连续时间模型中的不连续成分已经显示出其重要性，这让大家重新把注意力集中到跳扩散模型上.

近年来，跳扩散模型的统计推断问题受到广泛关注. 例如，Sørensen（1989，1991）基于过程的完整轨道的观察值讨论了跳扩散模型的极大似然方法；Shimizu 和 Yoshida（2006）提出了基于离散采样的跳扩散过程的对数似然逼近；Aït-Sahalia（2004）得到了跳扩散模型的扩散系数的极大似然估计量；Bandi 和

Nguyen（2003）给出了跳扩散过程的无穷小条件矩的完全函数估计的一般渐近理论.

本章的目的是在高频采样的基础上建立跳扩散过程的无穷小条件矩的局部线性极大似然型估计. 即考虑离散采样，并且观察值只在离散点处取得，例如，在 n 个等距离的点 $\{i\Delta, i = 0, 1, \cdots, n\}$ 处采样，这里，Δ 为样本区间，并且满足当 $n \to \infty$ 时 $\Delta \to 0$. 进一步，本章将在相对温和的条件下，得到新的估计量的相合性和渐近正态性. 局部 M-估计量是局部线性平滑技术和 M-估计技术的结合，它同时保留了局部线性估计量和 M-估计量的良好性质. 关于稳健估计量和 M-估计量的详细介绍读者可参考 Huber 和 Ronchetti（2009）的《稳健统计学》一书. 另外，Fan 和 Jiang（2000），Jiang 和 Mack（2001）在改进的稳健估计量方面作出了贡献.

设有概率空间 $(\Omega, \mathscr{F}, P)$，其域流为 $(\mathscr{F}_t)_{t \geq 0}$，本章考虑由如下随机微分方程确定的一维跳扩散过程 X

$$\mathrm{d}X_t = \left[\mu(X_{t-}) - \lambda(X_{t-})\int_Y c(X_{t-}, y)\Pi(\mathrm{d}y)\right]\mathrm{d}t + \sigma(X_{t-})\mathrm{d}B_t + \mathrm{d}J_t \qquad (6\text{-}1\text{-}2)$$

其中，$\{B_t, t \geq 0\}$ 是标准的布朗运动，$\{J_t, t \geq 0\}$ 是与 $\{B_t, t \geq 0\}$ 独立的纯跳过程，$\mu(\cdot)$ 和 $\sigma(\cdot)$ 为可测函数，它们与在一般扩散模型中的作用一样. $\lambda(x)$ 是跳的条件强度，跳是有界的，即

$$\sup_t |\Delta X_t| = \sup_t |X_t - X_{t-}| < \infty$$

并且在 $\lambda(x)$ 处发生. 函数 $c(\cdot, y)$ 刻画了跳对整个过程的影响，在一定程度上控制跳的大小，这里 y 是随机变量，且有概率分布函数 $\Pi(\cdot)$.

令 $\Delta X_t = X_t - X_{t-}$，则有

$$\mathrm{d}J_t = \Delta X_t = \int_Y c(X_{t-}, y)N(\mathrm{d}t, \mathrm{d}y) \qquad (6\text{-}1\text{-}3)$$

其中，$N(\mathrm{d}t, \mathrm{d}y)$ 是与 $\{B_t, t \geq 0\}$ 独立的泊松随机测度，有关随机测度的详细介绍可参考 Jacod 和 Shiryaev（2003）. 于是有

$$X_{t+\Delta} = X_t + \int_t^{t+\Delta} \mu(X_{t-})\mathrm{d}s + \int_t^{t+\Delta} \sigma(X_{t-})\mathrm{d}B_s + \int_t^{t+\Delta}\int_Y c(X_{t-}, y)\bar{v}(\mathrm{d}s, \mathrm{d}y)$$

$$(6\text{-}1\text{-}4)$$

其中, $\bar{v}(\mathrm{d}t, \mathrm{d}z)$ 为补偿泊松随机测度, 且

$$\bar{v}(\mathrm{d}t, \mathrm{d}y) = N(\mathrm{d}t, \mathrm{d}y) - E[N(\mathrm{d}t, \mathrm{d}y)]$$

$$= N(\mathrm{d}t, \mathrm{d}y) - \lambda(X_{t-})\Pi(\mathrm{d}y)\mathrm{d}t \qquad (6\text{-}1\text{-}5)$$

由式 (6-1-3) ~式 (6-1-5) 可得

$$\int_{t}^{t+\Delta}\int_{Y} c(X_{t-}, y)\bar{v}(\mathrm{d}s, \mathrm{d}y) = \int_{t}^{t+\Delta}\mathrm{d}J_{s} - \lambda(X_{s-})E_{Y}[c(X_{s-}, y)]\mathrm{d}s \qquad (6\text{-}1\text{-}6)$$

这表示由不连续跳的随机影响 $c(\cdot, y)$ 去掉条件幅度后而产生的过程的样本轨道在 t 和 $t+\Delta$ 之间的条件变化, 详细介绍可见 Jacod 和 Shiryaev (2003) 或 Protter (2004).

6.2 局部极大似然型估计量

本节先给出本章的假设条件. 设 x_0 为给定的点. 并且令 $D=(l, u)$ 为跳扩散过程 X_t 的值域, 其中 $l \geq -\infty$ 和 $u \leq \infty$.

条件 E1

(1) 函数 $\mu(\cdot)$, $\sigma(\cdot)$, $c(\cdot, y)$ 和 $\lambda(\cdot)$ 是至少二阶连续可微的. 对区间 D 的紧子集中的任意 x 和 z, 存在常数 C_1 使得

$$|\mu(x) - \mu(z)| + |\sigma(x) - \sigma(z)| + \lambda(x)\int_{Y}|c(x, y) - c(z, y)|\Pi(\mathrm{d}y) \leq$$

$$C_1|x - z|$$

进一步, 对任意 $x \in D$, 存在常数 C_2 使得

$$|\mu(x)| + |\sigma(x)| + \lambda(x)\int_{Y}|c(x, y)|\Pi(\mathrm{d}y) \leq C_2[1 + |x|]$$

(2) 对给定的 $\alpha > 2$, 存在常数 C_3 使得对任意的 $x \in D$, 有

$$\lambda(x)\int_{Y}|c(x, y)|^{\alpha}\Pi(\mathrm{d}y) \leq C_3[1 + |x|^{\alpha}]$$

(3) 在区间 D 上，$\lambda(\cdot) \geqslant 0$ 和 $\sigma^2(\cdot) > 0$.

注 6.1　条件 E1 和文献（Bandi 和 Nguyen，2003）中的假设条件一样，保证了方程（6-1-2）确定的过程 X_t 的强解的存在性和唯一性，具体可见 Rogers 和 Williams（2000）或 Jacod 和 Shiryaev（2003）.

注 6.2　在条件 E1 下，对任一平滑函数 $g(\cdot)$，跳扩散过程（6-1-2）有如下 Itô 公式

$$\mathrm{d}g(X_t) = L_1 g(X_{t-})\mathrm{d}t + L_2 g(X_{t-})\mathrm{d}t + g_x(X_{t-})\sigma(X_{t-})\mathrm{d}B_t +$$

$$\int_Y [g(X_{t-} + c(X_{t-},\ y)) - g(X_{t-})]\bar{v}(\mathrm{d}t,\ \mathrm{d}y) \tag{6-2-1}$$

其中

$$L_1 g(\cdot) = g_x(\cdot) + \frac{1}{2}g_{xx}(\cdot)\sigma^2(\cdot)$$

$$L_2 g(\cdot) = \lambda(\cdot) + \int_Y [g(\cdot + c(\cdot,\ y)) - g(\cdot) - g_x(\cdot)c(\cdot,\ y)]\Pi(\mathrm{d}y)$$

由式（6-2-1）可得跳扩散模型（6-1-2）的无穷小条件矩，并且由 Gikhman 和 Skorokhod（1972）可知，这些无穷小条件矩可用函数 $\mu(\cdot)$，$\sigma(\cdot)$，$c(\cdot, y)$ 以及 $\lambda(\cdot)$ 表示如下

$$M_1(x) = \lim_{\Delta \to 0} E\left[\frac{X_{(i+1)\Delta} - X_{i\Delta}}{\Delta}\,\middle|\, X_{i\Delta} = x\right] = \mu(x) \tag{6-2-2}$$

$$M_2(x) = \lim_{\Delta \to 0} E\left[\frac{(X_{(i+1)\Delta} - X_{i\Delta})^2}{\Delta}\,\middle|\, X_{i\Delta} = x\right]$$

$$= \sigma^2(x) + \lambda(x)E_Y[c^2(x,y)] \tag{6-2-3}$$

$$M_k(x) = \lim_{\Delta \to 0} E\left[\frac{(X_{(i+1)\Delta} - X_{i\Delta})^k}{\Delta}\,\middle|\, X_{i\Delta} = x\right]$$

$$= \lambda(x)E_Y[c^k(x,y)],\ \forall k > 2 \tag{6-2-4}$$

注 6.3   无穷小条件矩 $M_1(\cdot)$ 是漂移系数, 反映了跳扩散过程的均值水平; $M_2(\cdot)$ 是扩散系数和跳项的方差的和, 反映了跳扩散过程的波动水平; $M_3(\cdot)$ 和 $M_4(\cdot)$ 分别是跳项的三次原点矩和四次原点矩, 分别反映了跳项分布的偏度和峰度.

条件 E2   方程 (6-1-2) 的解是正 Harris 常返的.

注 6.4   条件 E2 表明跳扩散过程 X_t 具有唯一的有限不变测度 $\phi(x)$, 并且由 Kwon 和 Lee (1999), Menaldi 和 Robin (1999) 知, X_t 具有平稳概率测度 $p(x)=\phi(x)/\phi(D)$, $\forall x \in D$.

条件 E3   核函数 $K(\cdot)$ 是连续的概率密度函数, 并具有 $[-1, 1]$ 上的紧支撑.

条件 E4   带宽 h 满足: 当 $n \to \infty$ 时, $h \to 0$, $\Delta \to 0$ 和 $nh \to \infty$.

条件 E5   过程 X 的密度函数 $p(x)$ 在点 x_0 处连续且满足 $p(x_0)>0$. 并且, 对任意 i, j, $X_{i\Delta}$ 和 $X_{j\Delta}$ 的联合密度有界.

条件 E6 $E[\psi(u_{k, i\Delta}) \mid X_{i\Delta} = x] = 0$, 其中, $u_{k, i\Delta} = \dfrac{(X_{(i+1)\Delta} - X_{i\Delta})^k}{\Delta} - M_k(X_{i\Delta})$.

条件 E7   函数 $\psi(\cdot)$ 是连续的并几乎处处具有导数 $\psi'(\cdot)$. 进一步,

$$E[\psi'(u_{k, i\Delta}) \mid X_{i\Delta} = x] > 0$$

$$E[\psi^2(u_{k, i\Delta}) \mid X_{i\Delta} = x] > 0$$

$$E[\psi'^2(u_{k, i\Delta}) \mid X_{i\Delta} = x] > 0$$

且在点 x_0 处连续, 并且存在 $\gamma_k>0$ 使得

$$E[\mid \psi^{2+\gamma_k}(u_{k, i\Delta}) \mid \mid X_{i\Delta} = x]$$

和

$$E[\mid \psi'(u_{k, i\Delta}) \mid^{2+\gamma_k} \mid X_{i\Delta} = x]$$

在点 x_0 的某个邻域内是有界的.

条件 E8　函数 $\psi'(\,\cdot\,)$ 在点 x_0 的某个邻域内的任意一点 x 处满足

$$E\Big[\sup_{|z|\le\delta}\mid\psi'(u_{k,\,i\Delta}+z)-\psi'(u_{k,\,i\Delta})\mid\big|\;X_{i\Delta}=x\Big]=o(1)\,,\;\delta\to0$$

$$E\Big[\sup_{|z|\le\delta}\mid\psi(u_{k,\,i\Delta}+z)-\psi(u_{k,\,i\Delta})-\psi'(u_{k,\,i\Delta})z\mid\big|\;X_{i\Delta}=x\Big]=o(\delta)\,,\;\delta\to0$$

条件 E9　对任意的 $i,\,j$，设

$$E\big[\psi^2(u_{k,\,i\Delta})+\psi^2(u_{k,\,j\Delta})\mid X_{i\Delta}=x,\;X_{j\Delta}=y\big]$$

和

$$E\big[\psi'^2(u_{k,\,i\Delta})+\psi'^2(u_{k,\,j\Delta})\mid X_{i\Delta}=x,\;X_{j\Delta}=y\big]$$

在点 x_0 的某个邻域内有界.

注 6.5　平滑条件 E6~E9 与第五章中条件 D7~D10 类似，都是对损失函数的导函数 $\psi(\,\cdot\,)$ 的限制，关于这些条件的详细介绍可参考第五章或者 Fan 和 Jiang（2000）以及 Cai 和 Ould-Saïd（2003）等.

条件 E10　设过程 X_t 是 α-混合的，并且对某个 $a>\gamma_k/(2+\gamma_k)$，混合系数 $\alpha(n)$ 满足

$$\sum_{n\ge1}n^a(\alpha(n))^{\gamma_k/(2+\gamma_k)}<\infty$$

其中，γ_k 与条件 E7 中的一致.

条件 E11　假设存在一个正整数序列 q_n 使得当 $n\to\infty$ 时，有

$$q_n\to\infty\,,\;q_n=o((nh)^{1/2})\,,\;(n/h)^{1/2}\alpha(q_n)\to0$$

注 6.6　条件 E10 和 E11 为混合系数 $\alpha(n)$ 要满足的条件，这些条件与第五章的条件 D3 和 D11 类似，Cai 和 Ould-Saïd（2003）也使用了这些约束条件来限制混合系数.

条件 E12　存在 $\tau>2+\gamma_k$，这里 γ_k 与条件 E7 中的一致，使得对点 x_0 的某个邻域内所有的点 x，函数

$$E\{|\psi(u_{k, i\Delta})|^{\tau}|X_{i\Delta} = x\}$$

有界，并且 $\alpha(n) = O(n^{-\theta})$，其中 $\theta \geq (2 + \gamma_k)\tau/\{2(\tau - 2 - \gamma_k)\}$.

条件 E13 $n^{-\gamma_k/4}h^{(2+\gamma_k)/\tau-1-\gamma_k/4}=O(1)$，其中 γ_k 与条件 E7 中的一致，τ 与条件 E12 中的一致.

本节接下来建立无穷小条件矩 $M_k(x)$，$k\geq 1$ 的局部 M-估计量. 由方程（6-2-2）~式（6-2-4），忽略高阶无穷小项，可得 $M_k(x)$ 的局部线性估计量是如下问题的解，即选取 a 和 b 最小化加权和

$$\sum_{i=1}^{n}\left(\frac{(X_{(i+1)\Delta} - X_{i\Delta})^k}{\Delta} - a - b(X_{i\Delta} - x)\right)^2 K\left(\frac{X_{i\Delta} - x}{h}\right)$$

其中，$K(\cdot)$ 是核函数，$h=h_n$ 为带宽.

事实上，上面得到的局部线性估计量是建立在最小二乘技术之上的，所以不是稳健的估计量，为了得到稳健的估计量本小节将选取 a 和 b 最小化

$$\sum_{i=1}^{n}\rho\left(\frac{(X_{(i+1)\Delta} - X_{i\Delta})^k}{\Delta} - a - b(X_{i\Delta} - x)\right) K\left(\frac{X_{i\Delta} - x}{h}\right)$$

或满足如下的方程

$$\sum_{i=1}^{n}\psi\left(\frac{(X_{(i+1)\Delta} - X_{i\Delta})^k}{\Delta} - a - b(X_{i\Delta} - x)\right) K\left(\frac{X_{i\Delta} - x}{h}\right)\begin{pmatrix} 1 \\ \dfrac{X_{i\Delta} - x}{h} \end{pmatrix} = \begin{pmatrix} 0 \\ 0 \end{pmatrix}$$

$$(6\text{-}2\text{-}5)$$

其中，$\rho(\cdot)$ 是给定的损失函数，$\psi(\cdot)$ 为 $\rho(\cdot)$ 的导数. 另外，$M_k(x)$ 和 $M'_k(x)$ 的局部 M-估计量分别记为 $\hat{M}_k(x) = \hat{a}$ 和 $\hat{M}'_k(x) = \hat{b}$，这些是式（6-2-5）的解.

6.3 稳健估计量的渐近性质

在本章中，令

$$K_l = \int u^l K(u)\,\mathrm{d}u, \ l \geqslant 0$$

$$J_l = \int u^l K^2(u)\,\mathrm{d}u, \ l \geqslant 0$$

$$U = \begin{pmatrix} K_0 & K_1 \\ K_1 & K_2 \end{pmatrix}$$

$$V = \begin{pmatrix} J_0 & J_1 \\ J_1 & J_2 \end{pmatrix}$$

$$A = \begin{pmatrix} K_2 \\ K_3 \end{pmatrix}$$

$$G_1(x) = E[\psi'(u_{k,\,i\Delta}) \mid X_{i\Delta} = x]$$

$$G_2(x) = E[\psi^2(u_{k,\,i\Delta}) \mid X_{i\Delta} = x]$$

本章主要结果如下：

定理 6.1　设条件 E1~E10 成立，则方程（6-2-5）有解 $\hat{M}_k(x_0)$ 和 $\hat{M}_k'(x_0)$，且有

$$\begin{pmatrix} \hat{M}_k(x_0) - M_k(x_0) \\ h(\hat{M}_k'(x_0) - M_k'(x_0)) \end{pmatrix} \xrightarrow{\mathrm{P}} 0, \ n \to \infty$$

定理 6.2　设条件 E1~E13 成立，对定理 6.1 给出的解 $\hat{M}_k(x_0)$ 和 $\hat{M}_k'(x_0)$，有

$$\sqrt{nh}\left[\begin{pmatrix} \hat{M}_k(x_0) - M_k(x_0) \\ h(\hat{M}_k'(x_0) - M_k'(x_0)) \end{pmatrix} - \frac{h^2 M_k''(x_0)}{2} U^{-1} A \right] \xrightarrow{\mathrm{D}} N(0, \Sigma_1)$$

其中

$$\sum_1 = \frac{G_2(x_0)}{G_1^2(x_0)p(x_0)}U^{-1}VU^{-1}$$

6.4 随机模拟

本节将通过数值模拟来检验局部 M-估计量在稳健性方面的表现. 具体做法是, 比较本章中提出的局部 M-估计量和如下的由 Bandi 和 Nguyen (2003) 给出的核型估计量的平均绝对偏差(MADE)

$$\hat{\bar{M}}_1(x) = \frac{\sum_{i=1}^n K\left(\frac{X_{i\Delta}-x}{h}\right)\frac{X_{(i+1)\Delta}-X_{i\Delta}}{\Delta}}{\sum_{i=1}^n K\left(\frac{X_{i\Delta}-x}{h}\right)} \qquad (6\text{-}4\text{-}1)$$

$$\hat{\bar{M}}_2(x) = \frac{\sum_{i=1}^n K\left(\frac{X_{i\Delta}-x}{h}\right)\frac{(X_{(i+1)\Delta}-X_{i\Delta})^2}{\Delta}}{\sum_{i=1}^n K\left(\frac{X_{i\Delta}-x}{h}\right)} \qquad (6\text{-}4\text{-}2)$$

和

$$\hat{\bar{M}}_k(x) = \frac{\sum_{i=1}^n K\left(\frac{X_{i\Delta}-x}{h}\right)\frac{(X_{(i+1)\Delta}-X_{i\Delta})^k}{\Delta}}{\sum_{i=1}^n K\left(\frac{X_{i\Delta}-x}{h}\right)}, k\geqslant 3 \qquad (6\text{-}4\text{-}3)$$

本节选取 Huber 函数

$$\psi(z) = \max\{-c, \min(c,z)\}$$

其中 $c=1.35$. 通过计算如下的平均绝对偏差 (MADE) 来评价局部 M-估计量和核型估计量式 (6-4-1)~式 (6-4-3):

$$\frac{1}{n}\sum_{i=1}^n |\hat{M}_k(x_i) - M_k(x_i)|, \ k\geqslant 1$$

其中，$\{x_i,\ i=1,\ 2,\ \cdots,\ n\}$ 是在 X_t 的样本轨道的取值区间上均匀选取得到的. 因为没有显式表达式，$\hat{M}_k(\cdot)$ 可通过迭代得到，即对任意初始值 $\hat{M}_{k0}(x)$，有

$$
\begin{pmatrix} \hat{M}_{kt}(x) \\[2ex] \hat{M}'_{kt}(x) \end{pmatrix}
$$

$$
= \begin{pmatrix} \hat{M}_{k(t-1)}(x) \\[2ex] \hat{M}'_{k(t-1)}(x) \end{pmatrix} - \left[W_n(\hat{M}_{k(t-1)}(x),\ \hat{M}'_{k(t-1)}(x)) \right]^{-1} \Psi_n(\hat{M}_{k(t-1)}(x),\ \hat{M}'_{k(t-1)}(x))
$$

其中，$\hat{M}_{kt}(x)$ 和 $\hat{M}'_{kt}(x)$ 分别为 $\hat{M}'_k(x)$ 和 $\hat{M}_k(x)$ 的第 t 次迭代值，并有

$$
W_n(a,b) = \left(\frac{\partial \Psi_n(a,b)}{\partial a},\ \frac{\partial \Psi_n(a,b)}{\partial b} \right)
$$

$$
\Psi_n(a,\ b) = \sum_{i=1}^{n} \psi\left(\frac{(X_{(i+1)\Delta} - X_{i\Delta})^k}{\Delta} - a - b(X_{i\Delta} - x) \right) K\left(\frac{X_{i\Delta} - x}{h} \right) \begin{pmatrix} 1 \\[2ex] \dfrac{X_{i\Delta} - x}{h} \end{pmatrix}
$$

迭代程序在

$$
\left\| \begin{pmatrix} \hat{M}_{kt}(x) \\[2ex] \hat{M}'_{kt}(x) \end{pmatrix} - \begin{pmatrix} \hat{M}_{k(t-1)}(x) \\[2ex] \hat{M}'_{k(t-1)}(x) \end{pmatrix} \right\| \leqslant 1 \times 10^{-4}
$$

时终止.

考虑建模利息率时被广泛使用的带跳的 CIR 模型

$$
\mathrm{dlog}(r_t) = \beta(\alpha - r_{t-})\mathrm{d}t + \sigma\sqrt{r_{t-}}\mathrm{d}B_t + \mathrm{d}J_t \tag{6-4-4}
$$

其中，J_t 是到达强度 $\lambda(\cdot) = \lambda$ 为常数的跳过程，并且跳的幅度为 $c(\cdot, y) = y \sim N(0, \sigma_y^2)$. 在参数的选择上，为了作比较，使用和 Bandi 和 Nguyen（2003）中一样的参数，即 $\lambda = 20$，$\beta = 0.85837$，$\alpha = 0.089102$，$\sigma = 0.3$，$\sigma_y = 0.03630427$.

为了从连续样本轨道中获取离散样本，使用 Euler-Maruyama 离散方法来逼近随机微分方程（6-4-4）的数值解. 令 $T = 40$ 为观测时间间隔的长度，n 为样本容量，$\Delta = T/n$ 为观测时间频率，模拟次数均为 5000 次. 并且在模拟时，选取 Gauss 核函数和普通带宽 $h = 1.06Sn^{-1/5}$，这里 S 为样本 $\{r_{i\Delta}, i = 1, 2, \cdots, n\}$ 的标准差.

图 6-1 给出了过程 r_t 的 5 个样本轨道. 表 6-1 给出了局部 M-估计量 $\hat{M}_1(x)$ 和核型估计量 $\hat{\tilde{M}}_1(x)$ 的平均绝对偏差，表 6-2 给出了局部 M-估计量 $\hat{M}_2(x)$ 和核型估计量 $\hat{\tilde{M}}_2(x)$ 的平均绝对偏差. 可以看到，局部 M-估计量的平均绝对偏差比核型估计量的平均绝对偏差要小，并且，它们的平均绝对偏差都随着样本容量的增加而减小.

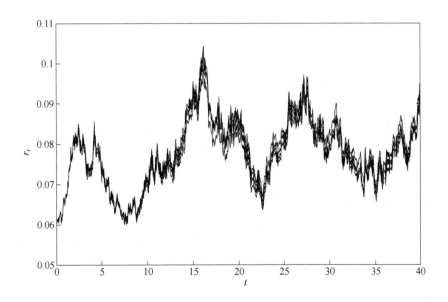

图 6-1 过程 r_t 的 5 个样本轨道

表 6-1　$M_1(\cdot)=\mu(\cdot)$ 的核型估计量的平均绝对偏差（$\mathbf{MADE}_{11}$）和
局部 M-估计量的平均绝对偏差（$\mathbf{MADE}_{12}$）

样本容量 n	MADE$_{11}$	MADE$_{12}$
$n=1000$	0.0515	0.0513
$n=2000$	0.0498	0.0403
$n=4000$	0.0475	0.0325
$n=5000$	0.0443	0.0211

表 6-2　$M_2(\cdot)=\sigma^2(\cdot)+\lambda(\cdot)\sigma_y^2$ 的核型估计量的平均绝对偏差（$\mathbf{MADE}_{21}$）和
局部 M-估计量的平均绝对偏差（$\mathbf{MADE}_{22}$）

样本容量 n	MADE$_{21}$	MADE$_{22}$
$n=1000$	0.0263	0.0205
$n=2000$	0.0261	0.0189
$n=4000$	0.0253	0.0136
$n=5000$	0.0225	0.0098

6.5　主要结果的证明

为了证明定理 6.1 和定理 6.2，本节给出如下引理，这些引理的证明与第五章中的引理 5.1 和引理 5.3 的证明类似，因此本节不给出证明.

引理 6.1　在条件 E1～E10 下，有

$$\sum_{i=1}^{n}\psi'(u_{k,\,i\Delta})K\left(\frac{X_{i\Delta}-x_0}{h}\right)(X_{i\Delta}-x_0)^l$$

$$=nh^{l+1}G_1(x_0)p(x_0)K_l(1+o_p(1))$$

和

$$\sum_{i=1}^{n} \psi'(u_{k, i\Delta}) R_k(X_{i\Delta}) K\left(\frac{X_{i\Delta} - x_0}{h}\right) (X_{i\Delta} - x_0)^l$$

$$= \frac{nh^{l+3}}{2} G_1(x_0) M_k''(x_0) p(x_0) K_{l+2}(1 + o_p(1))$$

其中

$$R_k(X_{i\Delta}) = M_k(X_{i\Delta}) - M_k(x_0) - M_k'(x_0)(X_{i\Delta} - x_0)$$

引理 6.2 在条件 E1~E7 以及 E9~E13 下，有

$$\frac{1}{\sqrt{nh}}\begin{pmatrix} \sum_{i=1}^{n} \psi(u_{k, i\Delta}) K\left(\frac{X_{i\Delta} - x_0}{h}\right) \\ \sum_{i=1}^{n} \psi(u_{k, i\Delta}) K\left(\frac{X_{i\Delta} - x_0}{h}\right) \frac{X_{i\Delta} - x_0}{h} \end{pmatrix} \xrightarrow{D} N(0, \Sigma_2)$$

其中

$$\Sigma_2 = G_2(x_0) p(x_0) V$$

定理 6.1 的证明

令

$$r = (a, hb)^T, r_k = (M_k(x_0), hM_k'(x_0))^T, \forall k \geqslant 1$$

$$r_{k,i\Delta} = (r - r_k)^T \begin{pmatrix} 1 \\ \dfrac{X_{i\Delta} - x_0}{h} \end{pmatrix}$$

$$L_{k,n}(r) = \sum_{i=1}^{n} \rho\left(\frac{(X_{(i+1)\Delta} - X_{i\Delta})^k}{\Delta} - a - b(X_{i\Delta} - x)\right) K\left(\frac{X_{i\Delta} - x}{h}\right)$$

则有

$$r_{k,\ i\Delta} = (r - r_k)^T \begin{pmatrix} 1 \\ \dfrac{X_{i\Delta} - x_0}{h} \end{pmatrix}$$

$$= (a - M_k(x_0),\ hb - hM_k'(x_0)) \begin{pmatrix} 1 \\ \dfrac{X_{i\Delta} - x_0}{h} \end{pmatrix}$$

$$= a - M_k(x_0) + h(b - M_k'(x_0)) \dfrac{X_{i\Delta} - x_0}{h}$$

$$= a - M_k(x_0) + (b - M_k'(x_0))(X_{i\Delta} - x_0)$$

$$= a + b(X_{i\Delta} - x_0) - M_k(x_0) - M_k'(x_0)(X_{i\Delta} - x_0)$$

$$= a + b(X_{i\Delta} - x_0) + R_k(X_{i\Delta}) - M_k(X_{i\Delta})$$

$$= a + b(X_{i\Delta} - x_0) + R_k(X_{i\Delta}) - \left(\dfrac{(X_{(i+1)\Delta} - X_{i\Delta})^k}{\Delta} - u_{k,\ i\Delta} \right)$$

以下证明与第五章定理 5.1(1) 的证明类似, 此处从略.

定理 6.2 的证明

本定理的证明与第五章定理 5.1(2) 的证明类似, 此处从略.

参 考 文 献

[1] Aït-Sahalia, Y. (1996). Testing continuous-time models of the spot interest rate. *Review of Financial Studies* 9, 385-426.

[2] Aït-Sahalia, Y. , Bickel, P. , Stoker, T. (2001). Goodness-of-fit tests for regression using kernel methods. *Journal of Econometrics* 105, 363-412.

[3] Aït-Sahalia, Y. (2002). Maximum likelihood estimation of discretely sampled diffusions: a closed-form approximation approach. *Econometrica* 70, 223-262.

[4] Aït-Sahalia, Y. (2004). Disentangling volatility from jumps. *Journal of Financial Economics* 74, 487-528.

[5] Andersen, T. , Benzoni, L. , Lund, J. (2002). An empirical investigation of continuous-time equity return models. *Journal of Finance* 57, 1239-1284.

[6] Allen, D. M. (1974). The relationship between variable and data augmentation and a method of prediction. *Technometrics* 16, 125-127.

[7] Arnold, L. (1974). Stochastic differential equations: Theory and Application. Wiley.

[8] Bachelier, L. Théory da la spéculation. *Annals of Mathematical Finance* 3, 23-51.

[9] Bakshi, G. , Cao, C. , Chen, Z. (1997). Empirical performance of alternative option pricing models. *Journal of Finance* 52, 2003-2049.

[10] Bandi, F. , Phillips, P. (2003). Fully nonparametric estimation of scalar diffusion models. *Econometrica* 71, 241-283.

[11] Bandi, F. , Nguyen, T. H. (2003). On the functional estimation of jump-diffusion models. *Journal of Econometrics* 116, 293-328.

[12] Barczy, M. , Pap, G. (2010). Asymptotic behavior of maximum likelihood estimator for time inhomogeneous diffusion processes. *Journal of Statistical Planning and Inference* 140, 1576-1593.

[13] Barndorff-Nielsen, O. E. , Shephard, N. (2006). Econometrics of testing for jumps in financial economics using bipower variation. *The Journal of Financial Economics* 4, 1-30.

[14] Bibby, B. M. , Sørensen, M. (1995). Martingale estimation functions for discretely observed diffusion processes. *Bernoulli* 1, 17-39.

[15] Bibby, B. M. , Jacobsen, M. , Sørensen, M. (2002). Estimating functions for discretely sampled diffusion-type models. In Handbook of Financial Econometrics. Amsterdam: North-Holland.

[16] Billingsley, P. (1999). Convergence of probability measures. Wiley, New York.

[17] Bishwal, J. P. N. (2009). M-estimation for discretely sampled diffusions. *Theorey of Stochastic*

Processes. 15, 62-83.

[18] Black, F. , Scholes, M. (1973). The pricing of options and corporate liabilities. *Journal of Political Economy* 81, 637-659.

[19] Bosq, D. (1998). Nonparametric statistics for stochastic processes. In Lecture Notes in Statistics. Vol. 110, Springer-Verlag, Heidelberg.

[20] Breiman, L. , Meisel, W. , Purcell, E. (1977). Variable kernel estimates of multivariate densities. *Technometrics* 19, 135-144.

[21] Cai, Z. , Masry, E. (2000). Nonparametric estimation in nonlinear ARX time series models: projection and linear fitting. *Economic Theory* 16, 465-501.

[22] Cai, Z. , Ould-Saïd, E. (2003). Local M-estimator for nonparametric time series. *Statistics & Probability Letters* 65, 433-449.

[23] Chan, N. H. , Peng, L. , Zhang, D. (2011). Empirical likelihood based confidence intervals for conditional variance in heteroskedastic regression models. *Econometric Theory* 27, 154-177.

[24] Chen, S. X. (1996). Empirical likelihood confidence intervals for nonparametric density estimation. *Biometrika* 83, 329-341.

[25] Chen, S. X. , Qin, Y. S. (2000). Empirical likelihood confidence intervals for local linear smoothers. *Bimetrika* 87, 946-953.

[26] Chen, S. X. , Gao, J. , Tang, C. Y. (2008). A test for model specification of diffusion processes. *The Annals of Statistics* 36, 167-198.

[27] Chen, S. X. , Hardle, W. , Kleinow, T. (2002). An empirical likelihood goodness-of-fit test for diffusions. *Applied quantitative finance* 259-281, Springer, Berlin.

[28] Chen, S. X. , Hardle, W. , Li, M. (2003). An empirical likelihood goodness-of-fit test for time series. *Journal of the Royal Statistical Society: Series B* 65, 663-678.

[29] Chen, R. , Tsay, R. S. (1993). Functional-coefficient autoregressive models. *Journal of the American Statistical Association* 88, 298-308.

[30] Chen, S. , Wong, C. (2009). Smoothed block empirical likelihood for quantiles weakly dependent proeesses. *Statistica Sinica* 19, 71-81.

[31] Cai, Z. (2001). Weighted Nadaraya-Watson regression estimation. *Statistics & Probability Letters* 51, 307-318.

[32] Cai, Z. (2002). Regression quantiles for time series. *Econometric Theory* 18, 169-192.

[33] Comte, F. , Genon-Catalot, V. , Rozenholc, Y. (2007). Penalized nonparametric mean square estimation of the coefficients of diffusion processes. *Bernoulli* 13, 514-543.

[34] Comte, F. , Genon-Catalot, V. , Rozenholc, Y. (2009). Nonparametric adaptive estimation

for integrated diffusions. *Stochastic Processes and their Applications* 119, 811-834.

[35] Cox, I., Ingersoll, J. E., Ross, S. A. (1985). A theory of the term structure of interest rates. *Econometrica* 53, 385-406.

[36] Craven, P., Wahba, G. (1979). Smoothing noisy data with spline functions: Estimating the correct degree of smoothing by the method of generalized cross-validation. *Numerische Mathematik* 31, 377-403.

[37] Dacunha-Castelle, D., Florens-Zimirou, D. (1986). Estimation of the coefficient of a diffusion from discretely sampled observations. *Stochastics* 19, 263-284.

[38] Dalalyan, A. (2005). Sharp adaptive estimation of the drift function for ergodic diffusions. *Annals of Statistics* 33, 2507-2528.

[39] Das, S. (2002). The surprise element: jumps in interest rates. *Journal of Econometrics* 106, 27-65.

[40] Davis, R. A., Knight, K., Liuc, J. (1992). M-estimation for autoregressions with infinite variance. *Stochastic Processes and their Applications* 40, 145-180.

[41] Delecroix, M., Hristache, M., Patilea, V. (2006). On semiparametric M-estimation in single-index regression. *Journal of Statistical Planning and Inference* 136, 730-769.

[42] Ditlevsen, P. D., Ditlevsen, S., Andersen, K. K. (2002). The fast climate fluctuations during the stadial and interstadial climate states. *Annals of Glaciology* 35, 457-462.

[43] Ditlevsen, S., Sørensen, M. (2004). Inference for observations of integrated diffusion processes. *Scandinavian Journal of Statistics* 31, 417-429.

[44] Duffie, D., Pan, J., Singleton, K. (2000). Transform analysis and asset pricing for affine jump-diffusions. *Econometrica* 68, 1343-1376.

[45] EPICA Community Members. (2006). One-to-one coupling of glacial climate variability in Greenland and Antarctica. *Nature* 444, 195-198.

[46] Eraker, B., Johannes, M., Polson, N. (2003). The impact of jumps in equity index volatility and returns. *The Journal of Finance* 58, 1269-1300.

[47] Fan, J., Gijbels, I. (1992). Variable bandwidth and local linear regression smoothers. *The Annals of Statistics* 29, 2008-2036.

[48] Fan, J., Gijbels, I. (1995). Data-driven bandwidth selection in hold polynomial fitting: variable bandwidth and spatial adaption. *Journal of the Royal Statistical Society: Series B* 57, 371-394.

[49] Fan, J., Gijbels, I. (1996). Local polynomial modeling and its applications. Chapman & Hall, London.

[50] Fan, J., Jiang, J. (2000). Variable bandwidth and one-step local M-estimator. *Science in*

China Series A: Mathematic 43, 65-81.

[51] Fan, J., Yao, Q. W. (2003). Nonlinear time series: Nonparametric and Parametric methods. Springer-Verlag, New York.

[52] Fan, J., Zhang, C. (2003). A re-examination of diffusion estimations with applications to financial model validation. *Journal of the American Statistical Association* 98, 118-134.

[53] Florens-Zmirou, D. (1993). On estimating the diffusion coefficient from discrete observations. *Journal of Applied Probability* 30, 790-804.

[54] Gao, J., Casas, I. (2008). Specification testing in discretized diffusion models: theory and practice. *Journal of econometrics* 147, 131-140.

[55] Gasser, T., Müller, H. G. (1979). Kernel estimation of regression function. In: T. Gasser and M. Rosenblatt (eds). Smoothing techniques for curve estimation. Springer, Heidelberg, pp: 23-68.

[56] Gikhman, I. I., Skorokhod, A. V. (1972). Stochastic differential equations. Springer-Verlag, Berlin and New York.

[57] Gloter, A. (2000). Discrete sampling of an integrated diffusion process and parameter estimation of the diffusion coefficient. *Probability and Statistics* 4, 204-227.

[58] Gloter, A. (2001). Parametric estimation for a discrete sampling of an integrated Ornstein-Uhlenbeck process. *Statistics: A Journal of Theoretical and Applied Statistics* 35, 225-243.

[59] Gloter, A. (2006). Parameter estimation for a discretely observed integrated diffusion process. *Scandinavian Journal of Statistics* 33, 83-104.

[60] Gloter, A., Gobet, E. (2008). LAMN property for hidden processes: The case of integrated diffusions. *Annales de l' Institut Henri Poincaré-Probabilités et Statistiques* 44, 104-128.

[61] Gobet, E., Hoffmann, M., Reiss, M. (2004). Nonparametric estimation of scalar diffusions based on low frequency data. *Annals of Statistics* 32, 2223-2253.

[62] Gregorio, A. D., Iacus, S. M. (2010). Divergences test statistics for discretely observed diffusion processes. *Journal of Statistical Planning and Inference* 140, 1744-1753.

[63] Hall, P., Huang, L. S. (2001). Nonparametric kernel regression subject to monotonicity constraints. *Annals of Statistics* 29, 624-647.

[64] Hall, P., Hu, T. C., Marron, J. S. (1995). Improved variable window estimators of probability densities. *Annals of Statistics* 23, 1-10.

[65] Hall, P., Jones, M. C. (1990). Adaptive M-estimation in nonparametric regression. *Annals of Statistics* 18, 1712-1728.

[66] Hall, P., Marron, J. S. (1988). Variable window width kernel estimates of probability densities. *Probability Theory and Related Fields* 80, 37-49.

[67] Hall, P. , Owen, A. B. (1993). Empirical likelihood confidence bands in density estimation. *Journal of Computational and Graphical Statistics* 2, 273-289.

[68] Hall, P. , Presnell, B. (1999). Intentionally biased bootstrap methods. *Journal of the Royal Statistical Society: Series B* 61, 143-158.

[69] Hall, P. , La Scala, B. (1990). Methodology and algorithms of empirical likelihood. *International Statistical Review* 58, 109-127.

[70] Hall, P. , Wolff, R. C. L. , Yao, Q. (1999). Methods for estimating a conditional distribution function. *Journal of the American Statistical Association* 94, 154-163.

[71] Hampel, F. R. (1971). A general qualitative definition of robustness. *The Annals of Mathematical Statistics* 42, 1887-1896.

[72] Hansen, L. , Scheinkman, J. (1995). Back to the future: generating moment implications for continuous-time Markov processes. *Econometrica* 63, 767-804.

[73] Hjellvik, V. , Yao, Q. , Tjøstheim, D. (1996). Linearity testing using local polynomial approximation. Discussion Paper, Humboldt-Universität Zu Berlin.

[74] Hjellvik, V. , Yao, Q. , Tjøstheim, D. (1998). Linearity testing using local polynomial approxima-tion. *Journal of Statistical Planning and Inference* 68, 295-321.

[75] Huber, P. J. (1964). Robust estimation of a location parameter. *The Annals of Mathematical Statistics* 35, 73-101.

[76] Huber, P. J. (1973). Robust regression. *Annals of Statistics* 1, 799-821.

[77] Huber, P. J. , Ronchetti, E. M. (2009). Robust Statistics. John Wiley & Sons, Hoboken, New Jersey, 2nd.

[78] Jacod, J. (2000). Non-parametric kernel estimation of the coefficient of a diffusion. *Scandinavian Journal of Statistics* 27, 83-96.

[79] Jacod, J. , Shiryaev, A. N. (2003). Limit theory for stochastic processes. Springer-Verlag, Berlin.

[80] Jiang, G. , Knight, J. (1997). A nonparametric approach to the estimation of diffusion processes, with an application to a short-term interest rate model. *Econometric Theory* 13, 615-645.

[81] Jiang, J. C. , Mack, Y. P. (2001). Robust local polynomial regression for dependent data. *Statistica Sinica* 11, 705-722.

[82] Jing, B. , Yuan, J. , Zhou, W. (2009). Jackknife empirieal likelihood. *Journal of the American Statistical Association* 104, 1224-1232.

[83] Johannes, M. (2004). The statistical and economic role of jumps in continuous-time interest rate models. *Journal of Finance* 59, 227-260.

[84] Karatzas, I., Shreve, S. E. (1991). Brownian motion and stochastic calculus. Springer, New York.

[85] Karlin, S., Taylor, H. M. (1981). A Second Course in Stochastic Processes. Academic Press, New York.

[86] Kitamura, Y. (1997). Empirical likelihood methods with weakly dependent processes. *Annals of Statistics* 25, 2084-2102.

[87] Øksendal, B. (2005). Stochastic differential equations: An introduction with applications, six ed. Springer, New York.

[88] Kristensen, D. (2004). Estimation in two classes of semiparametric diffusion models. FMG Discussion Papers DP500, London School of Economics.

[89] Kristensen, D. (2010). Pseudo-maximum likelihood estimation in twoclasses of semiparametric diffusion models. *Journal of Econometrics* 156, 239-259.

[90] Kutoyants, Y. A. (2010). On the goodness-of-fit testing for ergodic diffusion processes. *Journal of Nonparametric Statistics* 22, 529-543.

[91] Kwon, Y., Lee, C. (1999). Strong feller property and irreducibility of diffusions with jumps. *Stochastics and stochastics reports* 67, 147-157.

[92] 林正炎，陆传荣，苏中根. (2015). 概率极限理论基础，第二版. 高等教育出版社，北京.

[93] Mancini, C. (2004). Estimation of the characteristics of the jumps of a general Poisson-diffusion model. *Scandinavian Actuarial Journal* 1, 42-52.

[94] Mancini, C., Renò, R. (2011). Threshold estimation of Markov models with jumps and interest rate modeling. *Journal of Econometrics* 160, 77-92.

[95] Masry, E., Tjøstheim, D. (1995). Nonparametric estimation and identification of nonlinear ARCH time series: strong convergence and asymptotic normality. *Economic Theory* 11, 258-289.

[96] Masry, E., Tjøstheim, D. (1997). Additive nonlinear ARX time series and projection estimates. *Economic Theory* 13, 214-252.

[97] Menaldi, J., Robin, M. (1999). Invariant measure for diffusions with jumps. *Applied Mathematics and Optimization* 40, 105-140.

[98] Merton, R. C. (1969). Lifetime portfolio selection under uncertainty: the continuous-time case. *Review of Economics and Statistics* 51, 247-257.

[99] Merton, R. C. (1973a). An intertemporl capital asset pricing model. *Eeonometrica* 41, 867-888.

[100] Merton, R. C. (1973b). Theory of rational option pricing. *Bell Journal of Economics and*

Management 4, 141-183.

[101] Merton, R. C. (1976a). Option pricing when underlying stock returns are discontinuous. *The Journal of Financial Economics* 3, 224-244.

[102] Merton, R. C. (1976b). The impact on option pricing of specification error in the underlying stock price returns. *The Journal of Finance* 31, 333-350.

[103] Müller, H. G., Stadtmüller, U. (1987). Variable bandwidth kernel estimators of regression curves. *Annals of Statistics* 15, 182-201.

[104] Negri, I., Nishiyama, Y. (2009). Goodness of fit test for ergodic diffusion processes. *Annals of the Institute of Statistical Mathematics* 61: 919-928.

[105] Negri, I., Nishiyama, Y. (2010). Review on goodness of fit tests for ergodic diffusion processes by different sampling schemes. *Economic Notes* 39, 91-106.

[106] Nicolau, J. (2003). Bias reduction in nonparametric diffusion coefficient estimation. *Econometric Theory* 19, 754-777.

[107] Nicolau, J. (2007). Nonparametric estimation of scend-order stochastic differential equations. *Econometric Theory* 23, 880-898.

[108] Nishiyama, Y. (2009). A note on semiparametric estimation for ergodic diffusion processes. Unpublished paper.

[109] Owen, A. B. (1988). Empirical likelihood ratio confidence intervals for a single function. *Biometrika* 75, 237-249.

[110] Owen, A. B. (1990). Empirical likelihood ratio confidence regions. *The Annals of Statistics* 18, 90-120.

[111] Owen, A. B. (2001). Empirical likelihood. Chapman & Hall, London.

[112] Piazzesi, M. (2000). Monetary policy and macroeconomic variables in a model of the term structure of interest rates. Unpublished working paper, Stanford University.

[113] Protter, P. (2004). Stochastic integration and differential equations. Springer-Verlag, New York, 2nd ed.

[114] Qin, J., Lawless, J. (1994). Empirical likelihood and general estimation equations. *The Annals of Statistics* 22, 300-325.

[115] Qin, G., Tsao, M. (2005). Empirical likelihood based inference for the derivative of the nonparametric regression function. *Bernoulli* 11, 715-735.

[116] Revuz, D., Yor, M. (1999). Continuous Martingales and Brownian Motion. Springer-Verlag.

[117] Rogers, L. C. G., Williams, D. (2000). Diffusions, Markov processes, and Martingales. Vol. 2. Cambridge University Press.

[118] Ruppert, D. , Sheather, S. J. , Wand, M. P. (1995). An effective bandwidth selector for local least squares regression. *Journal of the American Statistical Association* 90, 1257-1270.

[119] Shimizu, Y. (2006). Density estimation of Lévy measure for discretely observed diffusion processes with jumps. *Journal of the Japan Statistical Society* 1, 37-62.

[120] Shimizu, Y. (2007). Semiparametric estimation of Lévy characteristics of jump-diffusion models from sampled data. *Proceedings of the 9th Japan-China Symposium on Statistics* 265-270, Hokkaido University, Japan.

[121] Shimizu, Y. (2008). A practical inference for discretely observed jump-diffusions from finite samples. *Journal of the Japan Statistical Society* 38, 391-413.

[122] Shimizu, Y. (2009). Model selection for Lévy measures in diffusion processes with jumps from discrete observations. *Journal of Statistical Planning and Inference* 139, 516-532.

[123] Shimizu, Y. , Yoshida, N. (2006). Estimation of parameters for diffusion processes with jumps from discrete observations. *Statistical Inference for Stochastic Processes* 3, 227-277.

[124] Shoji, I. (2008). Semiparametric estimation of volatility functions of diffusion processes from discretely observed data. Unpublished paper.

[125] Sørensen, M. (1989). A note on the existence of a consistent maximum likelihood estimator for diffusions with jumps. *Markov Process and Control Theory* Akademie-Verlag, Berlin, 229-234.

[126] Sørensen, M. (1991). Likelihood methods for diffusions with jumps. *Statistical Inference in Stochastic Processes*, Marcel Dekker, New York. 67-105.

[127] Spokoiny, V. G. (2000). Adaptive drift estimation for nonparametric diffusion model. *Annals of Statisitcs* 28, 815-836.

[128] Stanton, R. (1997). A nonparametric model of term structure dynamics and the market price of interest rate risk. *The Journal of Finance* 52, 1973-2002.

[129] Stigler, S. M. (1973). Simon Newcomb, Percy Daniell, and the history of robust estimation 1885-1920. *Journal of the American Statistics Association* 68, 872-879.

[130] Stone, M. (1974). Cross-validatory choice and assessment of statistical predictions (with discussion). *Journal of the Royal Statistical Society: Series B* 36, 111-147.

[131] Tang, C. Y. , Chen, S. X. (2009). Parameter estimation and bias correction for diffusion processes. *Journal of Econometrics* 149, 65-81.

[132] Wahba, G. (1977). A survey of some smoothing problems and the method of generalized cross-validation for solving them. In: Applications of Statistics (P. R. Krishnaiah, ed.). North-Holland, Amsterdam, pp. 507-523.

[133] Wang, H. C. , Lin, Z. Y. (2011). Local liner estimation of second-order diffusion models.

Communication in Statistics-Theory and Methods 40, 394-407.

[134] Xu, K. L. (2009). Empirical likelihood-based inference for nonparametric recurrent diffusions. *Journal of Econometrics* 153, 65-82.

[135] Xu, K. L. (2010). Re-weighted functional estimation of diffusion models. *Econometric theory* 26, 541-563.

[136] Xu, K. L., Phillips, P. C. B. (2011). Tilted nonparametric estimation of volatility functions with empirical applications. *Journal of Business & Economic Statistics* (in press).

[137] Yoshida, N. (1990). Asymptotic behavior of M-estiamtion and related random field for diffusion process. *Annals of the Institute of Statistical Mathematics* 42, 221-251.